坂田勝［編集］ 機械工学入門講座

自動制御

［第2版］

中野道雄・髙田和之・早川恭弘［著］

森北出版株式会社

┌─ ◆電気抵抗および抵抗器の記号について ──────────────
│ JISでは(a)の表記に統一されたが,まだ論文誌や実際の作業現場では
│ (b)の表記を使用している場合が多いので,本書は(b)で表記している.
│
│
│   (a)   (b)
│
│ ※本書では,他の記号においても旧記号を使用している場合があります.
└──────────────────────────────────────

本書のサポート情報などをホームページに掲載する場合
があります.下記のアドレスにアクセスしご確認下さい.
　　　　　http://www.morikita.co.jp/support

■本書の無断複写は,著作権法上での例外を除き禁じられています.
複写される場合は,その都度事前に(株)日本著作出版権管理システム
(電話 03-3817-5670, FAX 03-3815-8199)の許諾を得てください.

「機械工学入門講座」発刊のことば

　科学・技術の人類にもたらした成果が「機械文明」と総称されているように，機械工学は人類の発展と深く関わりあっており，古い歴史を持っている．そのためか，例えば電子工学，コンピュータ科学，生命科学などのような近年発達した理工学の分野と比較して，機械工学はともすれば古典的で，革新の少ない分野と考えられがちである．しかし，宇宙ロケット，スペースシャトル，航空機，鉄道車両，自動車，工作機械などから家庭用電気機械にいたるまで，いわゆる機械類の最近の進歩は著しい．

　また，最新の工業分野で利用されている機器・装置をみても，機械工学と無縁なものを発見することは困難である．一例として，コンピュータの中央演算装置を考えてみよう．集積回路を製造する際に，ナノメートルの寸法精度を確保するために利用されている精密工作法は従来から機械工学の中心的な課題であった．また，回路内の電流によって発生する熱のために，集積回路基盤内に熱応力が生じるが，伝熱工学や材料力学などのような機械工学の知識なくしては，熱応力による破損の問題を解決することは不可能である．集積回路の開発・製造という電子工学特有と思われる課題に対しても，機械工学の貢献はきわめて大きい．

　このほかにも，宇宙利用，海洋開発，エネルギー利用などの将来的な課題から，地球環境対策などのように人類としての対応が迫られている問題にいたるまで，機械工学の協力がなければ，これらを解決することは不可能であろう．機械工学と機械技術者に対する産業界からの要請は無限である．また機械工学自身も，機械工学以外からの要請に協力・対応することによって自らを発展進歩させている．このように，機械工学はあらゆる分野の工学と工業の基盤技術を提供してきた柔軟性の高い学問ということができる．したがって，現代の機械技術者には，機械工学の根幹をなす基本的な知識を体系的に理解・体得して，これを産業界で有効に活用することが要求されている．

今回「機械工学入門講座」を企画した目的は，以上のような背景のもとで，これから機械工学を勉学される方々に，機械工学全般の基礎となる科目について，入門的・解説的な教科書または参考書をお送りすることにある．そのために，現在，大学および高等専門学校において機械工学教育の第一線で活躍しておられる方々にお願いして，それぞれの専門とされる教科について，もっとも基礎的な項目のみを選択して，平明・簡潔でわかりやすいことを最大の目標として，将来もっと専門的な学習をする際にも役立つようなバランスのとれた内容を盛ることに重点を置いて執筆していただいた．

　このような考えによって出版された本講座は，大学，高等専門学校で機械工学を学ぶ人々はもとより，現場で実務に携わっている機械技術者の方々にとっても，新しい知識を獲得するための適切な学習資料となるものと確信している．

坂　田　　勝

第 2 版のまえがき

　本書の初版第 1 刷が発行されたのは 1997 年 11 月で，都合 8 刷まで発行された．この教科書の内容は，古典制御を扱っているので，世の中の激しい変動の中にあっても，教科書の内容に特別変更を加える必要はないのであるが，学習する学生諸君の側に著しい変化が現れてきている．

　自動制御を学ぼうと志す学生諸君は，数学や，物理など，少なくともかなりのレベルに達する学習をすでに修了していたので，これらの基礎について，それほど配慮することなく，教科書の内容を決定することができた．ところが，最近に至って，入学試験の受験科目の減少に伴い，数学や物理などを履修しないか，極めて低いレベルのことしか学習していない学生が少なからず入学している実状にある．

　加えて，パソコンや，携帯電話などの機能向上に伴い，それらを，便利に使用することに慣れ，自分で，ゆっくり考え，時間をかけて問題解決をしようとする意欲に欠ける傾向になってきている．このような傾向は，工学や技術に携わる者にとっては致命的なのであって，自ら「考える」習慣を養うことが極めて大切なことなのである．

　本書では，考えることに主眼をおき，あえて古い方法論でも，コンピュータソフトを使わず，卓上計算機（電卓）による解析により，自ら考える制御工学の教科書となるよう心懸けた．

　旧版においては，現代制御についてはまったく触れていなかったが，本書では，現代制御へのかけ橋を最終章に紹介し，古典制御におけるのと同じ手法により取り扱える現代制御に言及し，学生諸君の勉学の手助けとなるよう配慮した．どうか，十分に時間をかけ，自ら考える学習をしていただきたい．

　終わりに臨み，第 2 版についても，大変お世話になった森北出版の水垣偉三夫，および多田夕樹夫の両氏に心からお礼申し上げたい．

2007 年 1 月

著　者

まえがき

　制御技術が定着して久しい．これに対応してさまざまな分野の方が制御理論を学んでいる．このような背景の下に数多くの制御理論に関する書物が出版されている．しかしながらこの度，以下に述べるような点に注意を払い，新しい本を出版することにした．

　制御とは，「制御しようとする対象に対して操作を加えること」と定義されている．ここでは，われわれは制御対象とどのようにかかわっていくかが重要になってくる．そのためには，まず対象の特性（性質）を十分把握したうえで制御動作を実際に行うためのシステムを構築していかなければならない．制御理論はそのための手段であり，システム構築のために絶対的で唯一無二の手法は存在しない．人によって当然，取り組み方も用いる手段もさまざまであろう．

　そこで，本書では比較的やさしく，直観的で理解しやすいといえる古典制御理論に絞り，この理論の本質を完全に身に着けることを最優先に考えてもらうことにする．PIDコントローラに代表される古典制御に基づく制御系は，構造が簡単であるにもかかわらず，幅広い要求に対応でき，制御対象の変動にも頑健であるという特色を有している．ともすると，現代制御理論とこれに基づく先端的な制御理論に目を向けがちであるが，近く計測自動制御学会でも「実践古典制御―なぜ古典制御は使えるのか？」と題してセミナーが予定されていると聞いている．まさに時宜を得た企画のように思える．

　いずれにせよ制御理論を学ぶにあたり，理論は覚えるものではなく，徹底的に理解することが重要であることを強調しておきたい．

　この本は，上記の趣旨に基づき著者たちが，これまでの経験を基に古典制御理論を平易に書いたものである．十分活用してほしい．

　本書の執筆にあたっては，東京工業大学名誉教授・拓殖大学教授坂田勝先生にご丁寧な校閲とご意見を頂いた．また，森北出版編集部の吉松啓視氏には本書の企画から編集・完成に至るまで，編集にあたっては同部の多田夕樹夫氏に多大なご助言とご援助とを頂いた．記して厚く御礼申し上げる次第である．

1997年9月　　　　　　　　　　　　　　　　　　　　　　　　　　著　者

目　　次

第1章　制御とは ………………………………………………………1
練習問題1　4

第2章　信号伝達と伝達関数 …………………………………………5
2.1　単位インパルス応答　5
2.2　任意の入力信号に対する出力信号　6
2.3　代表的な伝達関数　7
　2.3.1　比例要素　8
　2.3.2　積分要素　8
　2.3.3　微分要素　10
　2.3.4　一次おくれ要素　11
　2.3.5　二次おくれ要素　13
　2.3.6　むだ時間要素　15
練習問題2　16

第3章　ブロック線図とシグナルフロー線図 ………………………18
3.1　ブロック線図の構成要素　18
3.2　微分・積分要素のブロック線図　21
3.3　ブロック線図の等価変換法　22
3.4　微分方程式を利用したブロック線図　25
3.5　シグナルフロー線図　28
　3.5.1　シグナルフロー線図の構成　28
　3.5.2　シグナルフロー線図の等価変換　30
　3.5.3　メイソンの公式　32
　3.5.4　sourceとsinkの変換　35

練習問題3　39

第4章　過渡応答 …………………………………………………… 42
4.1　過渡項と定常項　43
4.2　入力信号と過渡応答　44
4.3　ステップ応答　45
4.4　二次おくれ要素の過渡応答　48
練習問題4　50

第5章　周波数応答法 ………………………………………………… 52
5.1　周波数応答とは　52
5.2　ベクトル軌跡（ナイキスト軌跡）　56
　5.2.1　積分要素　56
　5.2.2　微分要素　57
　5.2.3　一次おくれ要素　57
　5.2.4　二次おくれ要素　58
　5.2.5　むだ時間要素　59
　5.2.6　その他の要素　60
5.3　ボード線図　62
　5.3.1　比例要素　62
　5.3.2　積分要素　63
　5.3.3　微分要素　64
　5.3.4　一次おくれ要素　64
　5.3.5　二次おくれ要素　67
　5.3.6　むだ時間要素　70
　5.3.7　複雑な伝達関数を持つボード線図　71
練習問題5　73

第6章　安定判別 ……………………………………………………… 75
6.1　フィードバック制御系の安定問題　75

6.2　ラウスの安定判別法　77
　6.3　ナイキストの安定判別法　81
　　6.3.1　実用的安定判別法　81
　　6.3.2　拡張されたナイキスト安定判別法　83
　6.4　制御系の安定度　86
　　6.4.1　位相余裕　87
　　6.4.2　ゲイン余裕　88
　6.5　ボード線図と位相余裕・ゲイン余裕　88
　練習問題 6　90

第7章　フィードバック制御系の特性　91
　7.1　フィードバック制御系の基本構成　91
　7.2　フィードバック制御系の定常特性　93
　　7.2.1　目標値変化に対する最終偏差　94
　　7.2.2　外乱に対する最終偏差　98
　7.3　フィードバック制御系の過渡特性　99
　　7.3.1　過渡応答法による評価　100
　　7.3.2　閉ループ伝達関数が二次系の減衰特性　100
　　7.3.3　高次制御系における過渡応答の取り扱い　104
　　7.3.4　周波数応答法による過渡特性の評価　105
　　7.3.5　ニコルス線図　108
　練習問題 7　113

第8章　根軌跡法　114
　8.1　根軌跡の定義　114
　8.2　根軌跡の性質　118
　練習問題 8　123

第9章　フィードバック制御系の特性補償　124
　9.1　特性補償　124

9.2　直列補償と並列補償　125
　　9.3　位相おくれ回路　125
　　9.4　位相おくれ回路による特性改善　127
　　9.5　位相進み回路　132
　　9.6　位相進み回路による特性改善　134
　　9.7　位相おくれ・進み回路　137
　　9.8　フィードバック補償回路　139
　　練習問題9　140

第10章　現代制御へのかけ橋 …………………………141
　　10.1　現代制御と古典制御の違い　141
　　10.2　状態変数と状態方程式　142
　　10.3　状態方程式と伝達関数　146
　　10.4　可制御性と可観測性　149
　　　　10.4.1　可制御性の定義　149
　　　　10.4.2　可観測性の定義　150
　　練習問題10　151

付　　録 …………………………………………………152
　　1．複素数　152
　　2．ラプラス変換　153
　　3．ラプラス逆変換　164
　　4．最終値の定理と初期値の定理　170
　　5．たたみ込み積分　171
　　練習問題　176

練習問題の解答 …………………………………………177
参考文献 …………………………………………………187
さくいん …………………………………………………188

第1章
制御とは

この章では,制御とは何かについて具体的な例を通して学ぶ.
信号の流れに注目して,フィードバック制御とフィードフォワード制御とに大別されることについて学ぶ.

まず"制御"について述べておこう.一般に**制御**とは,"ある目的に適合するように対象となっているものに所用の操作を加えること"と定義されている.いいかえると,図1.1に示すように問題にすべき対象(**制御対象**)があって,この対象中で特に注目している物理量(**制御量**)が思い通りになるように,対象となっているものに所用の操作を加えることが制御である.

具体的な例を用いて考える.図1.2はオペレータがすべり変圧器の摺動子を操作して電気炉内の温度を調節している様子を示している.この例では制御を人手を用いて行っているため"**手動制御**"と呼んでいる.

さて,図1.2の制御をさらに進めたのが図1.3である.この図ではオペレー

図1.1 制御とは

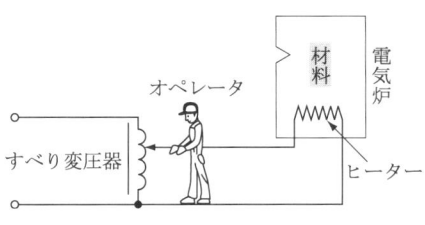

図1.2 手動制御の例

タは常に目標となる温度と，実際の電気炉内の温度を比較し，両者の差がゼロになるように制御を行っている．図1.3の制御系において**信号の流れ**に注目すると図1.4となる．信号の流れは，閉ループを構成しているので，図1.4のシステム構成を**フィードバック系**という．図1.3のオペレータの動作をモーターを用いて置き換えることを考えたのが図1.5である．図1.3を手動制御と呼んだのに対して，図1.5は**自動制御**と呼んでいる．このように自動制御では，制御を行うシステムに人間が直接介在しないことになる．

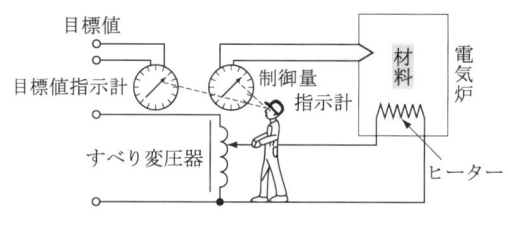

図1.3 フィードバック制御

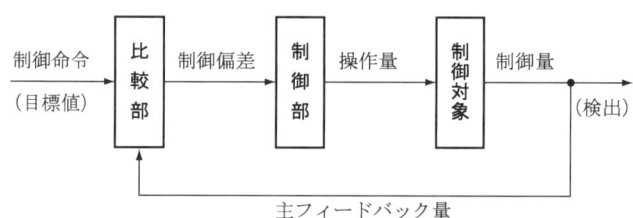

図1.4 図1.3における信号の流れ

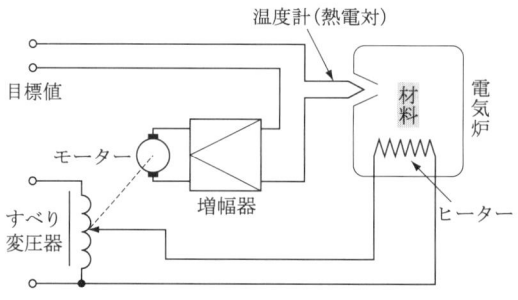

図1.5 自動制御

さて、ふたたび図1.3の制御系に戻って制御の仕組みを考えてみる．図1.6に示すように，図1.3のシステムで制御を乱そうとする要因，例えば扉の開閉などが考えられる（これを**外乱**と呼んでいる）．このとき，図1.3におけるオペレータは十分に経験を重ね，電気炉の制御に慣れているものとしよう．この場合，オペレータは図1.7に示すように，いちいち電気炉の温度を検出せず，扉が開けられたことだけに注目し，ただちに適切な対応をとり電気炉の温度を一定に保つことが可能となる．

この場合の信号の流れに注目すると，図1.8が得られる．図1.4のフィードバック系では信号自体で閉ループを構成しているのに対して，図1.8では信号

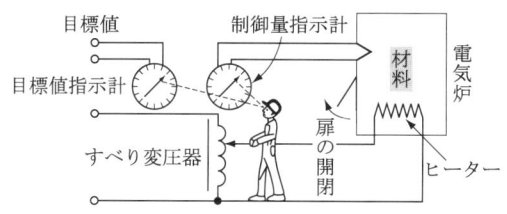

図1.6　図1.3における外乱

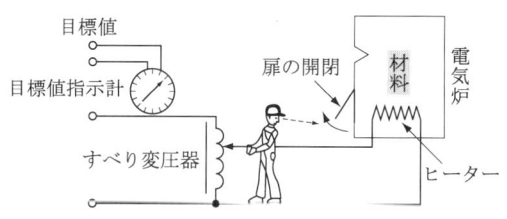

図1.7　フィードフォワード制御

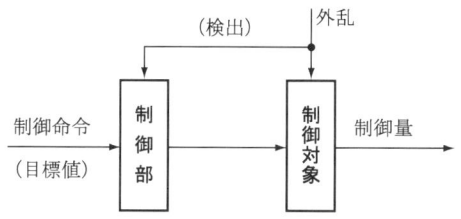

図1.8　図1.7における信号の流れ

の流れは一方向のみで閉ループを構成していない．このような図1.7のシステムを**フィードフォワード系**という．

ここで，フィードバック系とフィードフォワード系の得失を考えてみる．フィードフォワード系では，外乱が印加されたらこの外乱を検出し，将来の温度低下を見越してただちに**修正動作**を行っている．これに対して，フィードバック系では外乱により実際に温度が低下し目標値との間に差が生じて初めて制御が行われるため，動作の遅い制御システムとなる．

また，フィードバック系では電気炉の温度変化の遅れが問題となる．すなわち，炉内温度が下がったため温度を上げるように操作しても直ちに温度は上がらない．そこでオペレータは温度上昇の操作をしつづけることになり，結果として温度を上げすぎることになる．次に上げすぎたため，下げるように操作しても，ただちに下がらず実際に温度が下がる時間的な遅れにより下げすぎることになる．この現象が，フィードバック系の不安定現象である．フィードフォワード制御では信号が常に一方向に流れているため常に安定で不安定の問題は生じない．

これに対して，フィードバック系の大きな利点を述べる．電気炉に加えられる外乱は，先に述べた外乱のみではなく，例えば，すべり変圧器にかかっている電圧の変化も考えられる．フィードバック系では外乱が何であっても，とにかく炉内温度が下がればこれに対して対応が可能である．これに対して，フィードフォワード系ではすべての外乱を検出してこれに対して個々に対応することが要求されることになり，実現にあたって大きな困難をともなうことになる．

練習問題1

1. フィードバック制御とフィードフォワード制御の得失について述べよ．
2. われわれのまわりにはどのようなフィードバック制御系があるか．その場合における信号の流れについて考えよ．

第2章 信号伝達と伝達関数

　この章においては，システムに信号が伝達されるとき，信号をラプラス変換領域において取り扱うことにより，解析が容易になることを示すとともに，入出力間の比である伝達関数について，代表的な事例につき，実際の求め方を学ぶ．
　図 2.1 に示すように線形システムに任意の入力信号 $e(t)$ を加えたとき，出力に生じる出力信号 $c(t)$ を求める問題を考える．

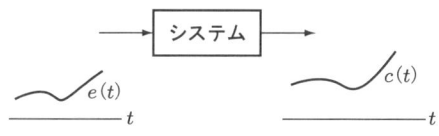

図 2.1　システムの応答

2.1　単位インパルス応答

　そのためにまず**単位インパルス信号 $\delta(t)$** を試験信号とし，その信号を $t=0$ の時点でシステムに印加することを考える．このときのシステムの反応に注目する（図 2.2 参照）．このとき現れる出力側でのシステムの反応 $g(t)$ を，**単位インパルス応答**あるいは**重み関数**という．

図 2.2　単位インパルス応答

2.2 任意の入力信号に対する出力信号

図 2.1 に示すようにシステムに任意の入力信号 $e(t)$ を加えたとき,出力に生じる出力信号 $c(t)$ は 2.1 節で求めた $g(t)$ を用いて,次の**たたみ込み積分**によって求められる(付録 5 参照).

$$c(t) = \int_{-\infty}^{+\infty} e(\tau) g(t - \tau) d\tau \qquad (2.1)$$

このとき,現実には式 (2.1) は次のように積分区間を変更できる.

$$c(t) = \int_0^t e(\tau) g(t - \tau) d\tau \qquad (2.2)$$

ここでさらに,$t - \tau = \tau'$ とおいて変数を変換する

$$\begin{aligned} c(t) &= -\int_t^0 e(t - \tau') g(\tau') d\tau' \\ &= \int_0^t e(t - \tau') g(\tau') d\tau' \end{aligned} \qquad (2.3)$$

すなわち

$$c(t) = \int_0^t e(t - \tau) g(\tau) d\tau \qquad (2.4)$$

これより $c(t)$ を求めるためには式 (2.4) の積分を解かなければならないことがわかる.しかし,この積分は一般にはこのままの形で解くことはできない.
そこで,ラプラス変換をした領域で考える.**ラプラス変換**とは,式 (2.5) に示すように,時間関数 $c(t)$ を定積分により時間 t を消去して,s に関する関数 $C(s)$ に置き換えることをいう(付録 2 参照).

$$C(s) = \int_0^\infty c(t) e^{-st} dt \qquad (2.5)$$

このラプラス変換を使うことにより,式 (2.4) のたたみ込み積分を変換すると,

$$C(s) = G(s) E(s) \qquad (2.6)$$

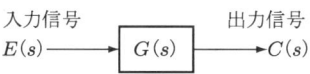

図 2.3 システムの伝達関数

となる（付録5参照）．

　上式は，時間領域では出力 $c(t)$ が式 (2.4) のたたみ込み積分で求められたのに対して，ラプラス変換の領域ではシステムの単位インパルス応答 $G(s)$ と入力信号 $E(s)$ との単純な積 $G(s)E(s)$ によって，出力信号 $C(s)$ が求められることを意味している．

　この関係を，信号を ──→，システムを □ で表現すると，図2.3となり，$G(s)$ を**システムの伝達関数**という．

　伝達関数 $G(s)$ は，これまで述べてきたことから，

（1）　単位インパルス応答のラプラス変換．
（2）　式 (2.6) より $G(s)$ は $C(s)/E(s)$，すなわち入出力信号のラプラス変換の比率．

と考えることができる．以後，制御では上記(2)の立場が重要になる．

2.3　代表的な伝達関数

　制御系解析で使われる代表的な伝達関数について検討する．そのために，代表的な時間関数についてラプラス変換形を求めると表2.1が得られ，時間関数

表 2.1　ラプラス変換(1)

時間関数	ラプラス変換
$\delta(t)$（単位インパルス）	1
1（単位ステップ）	$\dfrac{1}{s}$
t（単位ランプ信号）	$\dfrac{1}{s^2}$
e^{-at}	$\dfrac{1}{s+a}$
$\sin \omega t$	$\dfrac{\omega}{s^2+\omega^2}$

表 2.2 ラプラス変換(2)

時間関数 $x(t)$	ラプラス変換 $X(s)$
$\int x(t)\,dt$ (積分)	$\dfrac{X(s)}{s}$
$\dfrac{dx(t)}{dt}$ (微分)	$sX(s)$
$\dfrac{d^2x(t)}{dt^2}$ (2重微分)	$s^2X(s)$

注) すべての演算において初期値を無視する.

$x(t)$ の微積分に関しては表 2.2 が得られる.

2.3.1 比例要素

図 2.4 に示すばね系について考える.ばねの自由長は x_0 で,ばね定数を K とする.このばねを長さ $x(t)$ 縮めると,ばねの反力は $f(t)$ となる.これを式で表すと次式となる.ただし,入力を $x(t)$,出力を $f(t)$ とする.

$$f(t) = K \cdot x(t) \tag{2.7}$$

ここで,$f(t)$,$x(t)$ のラプラス変換をそれぞれ $F(s)$,$X(s)$ とすると式 (2.7) は,

$$F(s) = K \cdot X(s) \tag{2.8}$$

となり,伝達関数 $G(s)$ が求まる.

$$G(s) = \frac{F(s)}{X(s)} = K \tag{2.9}$$

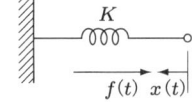

図 2.4 ばね系

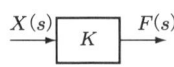

図 2.5 比例要素のブロック線図

このように伝達関数が定数となる要素を,**比例要素**という.このときのブロック線図を,図 2.5 に示す.

2.3.2 積分要素

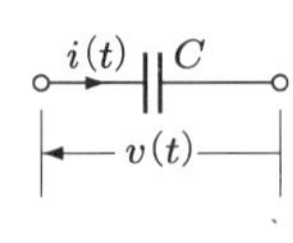

図 2.6 に示すように,キャパシタンス C に $i(t)$ なる電流を流すとき,C の両端の電圧 $v(t)$ は次式で与えられる.

$$v(t) = \frac{1}{C}\int i(t)\,dt \tag{2.10}$$

図 2.6 キャパシタンス

この式をラプラス変換する．$\mathcal{L}[v(t)] = V(s)$, $\mathcal{L}[i(t)] = I(s)$ とし，積分記号をラプラス変換すると表 2.2 より初期値を無視して $1/s$ となるので，

$$V(s) = \frac{1}{C} \frac{I(s)}{s} \qquad (2.11)$$

この式から，伝達関数 $G(s)$ を求めると，

$$G(s) = \frac{V(s)}{I(s)} = \frac{1}{sC} \qquad (2.12)$$

このように分母に s がくる伝達関数を**積分要素**という．

図 2.7 は油圧シリンダ装置で，流入する油量 $q(t)$ を入力とするとき，出力はピストンの変位 $x(t)$ で次式で与えられる．

$$x(t) = \frac{1}{A} \int q(t)\,dt \qquad (2.13)$$

ここに，A はシリンダの有効面積である．式 (2.13) の初期値を無視してラプラス変換すると，伝達関数 $G(s)$ は次のようになる．ただし，$\mathcal{L}[x(t)] = X(s)$, $\mathcal{L}[q(t)] = Q(s)$.

$$G(s) = \frac{X(s)}{Q(s)} = \frac{\frac{1}{sA}Q(s)}{Q(s)} = \frac{1}{sA} \qquad (2.14)$$

これは積分要素である．

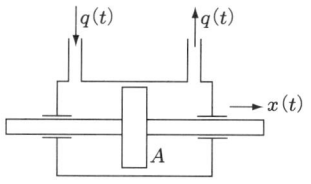

図 2.7 油圧シリンダ

2.3.3 微分要素

図2.8はダッシュポットである．これは固定したシリンダの中に油が封入されている．ピストンが速度 $v(t)$ で動くと，ピストンで隔てられた一方の室(圧力 $p_1(t)$)の油がピストンに空けられた穴を通して他室（圧力 $p_2(t)$）に流れる．この場合，ピストンが受ける制動力 $f_d(t)$ がダンパーとして利用できる．いま，ピストンの速度があまり速くなければ，油の流量 $q(t)$ は次式で表される．

$$q(t) = (p_1(t) - p_2(t))/R_h \quad \text{ここに } R_h \text{ は流体抵抗} \qquad (2.15)$$

時間 dt 間に流動した油量は $q(t)dt$，この際ピストン（面積 A）が排除した油量は $Adx(t)$ であるが，油に圧縮性がないから両者は等しい．

$$q(t)dt = Adx(t) \quad \therefore \quad q(t) = A\frac{dx(t)}{dt} \qquad (2.16)$$

一方，ピストンに働く制動力 $f_d(t)$ は，

$$f_d(t) = (p_1(t) - p_2(t))A \qquad (2.17)$$

式 $(2.15) \sim (2.17)$ より，$A^2 R_h = D$ と置くと次式が成立する．

$$f_d(t) = D\frac{dx(t)}{dt} \qquad (2.18)$$

すなわち，ダッシュポットの制動力は速度に比例する．この比例定数 D を粘性摩擦係数という．このダッシュポットは，図2.8(b) のように略記される．

式 (2.18) をラプラス変換し，初期値を無視して伝達関数を求める．

$$G(s) = \frac{F_d(s)}{X(s)} = \frac{sDX(s)}{X(s)} = sD \qquad (2.19)$$

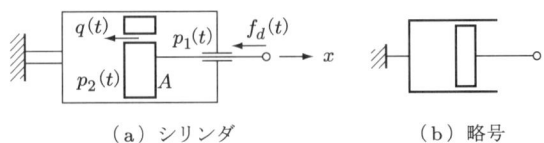

(a) シリンダ　　　　　　(b) 略号

図2.8　ダッシュポット

これは**微分要素**である．第3章の3.2節の図3.4に，インダクタンス L を用いた微分要素について述べる．入出力信号のとり方によっては，キャパシタンス C においても微分要素になりうることを同図に示している．

2.3.4 一次おくれ要素

図2.9に示す CR 回路において，回路に流れる電流を $i(t)$ とすると，

$$Ri(t) + \frac{1}{C}\int i(t)\,dt = v_i(t) \quad (2.20)$$

$$C\frac{dv_o(t)}{dt} = i(t) \quad (2.21)$$

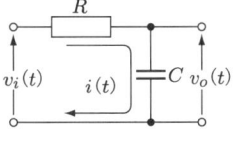

図 2.9　CR 回路

この両式より，

$$CR\frac{dv_o(t)}{dt} + v_o(t) = v_i(t) \quad (2.22)$$

ここで，キャパシタンス C の初期電圧 $v_o(0) = 0$ としてこの式をラプラス変換すると，

$$(sCR + 1)V_o(s) = V_i(s) \quad (2.23)$$

ただし，$V_i(s) = \mathscr{L}[v_i(t)]$, $V_o(s) = \mathscr{L}[v_o(t)]$
したがって，$v_i(t)$ から $v_o(t)$ までの伝達関数 $G(s)$ は次式となる．

$$G(s) = \frac{V_o(s)}{V_i(s)} = \frac{1}{1 + sCR} = \frac{1}{1 + sT} \quad (2.24)$$

この伝達関数を**一次おくれ要素**といい，$T(=CR)$ を**時定数**と呼んでいる．
なお，式 (2.24) は，式 (2.20)〜(2.23) によらないで，電気回路理論の分圧の考え方を使えば，次のように簡単に求めることができる．

$$V_o(s) = \frac{\frac{1}{sC}}{R + \frac{1}{sC}}V_i(s) = \frac{1}{1 + sCR}V_i(s) \quad (2.25)$$

【例題 2.1】 図 2.10 に示す空気タンクにおいて，供給空気圧 $p_1(t)$ を入力信号とし，タンク内の内圧 $p_2(t)$ を出力信号とするとき，この系の伝達関数を求めよ．
【解】 空気流入部の絞りを単位時間に通過する空気量 $q(t)$ は，$p_1(t)$，$p_2(t)$ の圧力差が小さければ圧力差に比例する．空気回路抵抗を R_q とすると，

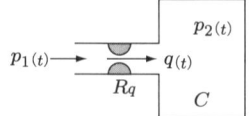

図 2.10 空気回路

$$q(t) = \frac{p_1(t) - p_2(t)}{R_q} \qquad ①$$

タンク内圧 $p_2(t)$ は空気流入総量に比例して増大し，タンク容量 C に反比例するので，

$$p_2(t) = \frac{1}{C}\int q(t)\,dt \qquad ②$$

となる．式①，②をラプラス変換して伝達関数を求めると，

$$G(s) = \frac{P_2(s)}{P_1(s)} = \frac{\mathscr{L}[p_2(t)]}{\mathscr{L}[p_1(t)]} = \frac{\frac{1}{sC}Q(s)}{R_q Q(s) + P_2(s)}$$

$$= \frac{\frac{1}{sC}Q(s)}{R_q Q(s) + \frac{1}{sC}Q(s)} = \frac{1}{1 + sCR_q} = \frac{1}{1 + sT} \qquad ③$$

ただし，$\mathscr{L}[q(t)] = Q(s)$，$\mathscr{L}[p(t)] = P(s)$，$T = CR_q$

【例題 2.2】 図 2.11 に示すヒーターによるタンク中の温度加熱プロセスがある．水に加えられる単位時間当りの熱量 $u(t)$ を入力，上昇温度 $v(t) = \theta_2 - \theta_1$ を出力として，$u(t)$ から $v(t)$ までの伝達関数を求めよ．ただし，流入出量 q は一定で，その温度 [℃] はそれぞれ θ_1，θ_2 とし，タンク内の温度分布は一様で，壁面からの熱損失はないものとする．

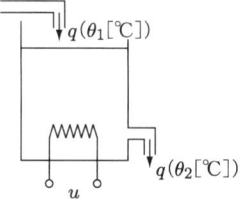

図 2.11 熱系

【解】 単位時間当りに加えられる熱量 u は，流出する水が単位時間当り持ち去る熱量と，タンク内の水温を上昇させるために単位時間当り費やされる熱量の和と考えることができる．よって次式が成り立つ．

$$qbv(t) + C\frac{dv(t)}{dt} = u(t) \quad ①$$

ここで，b は比熱，C はタンクの熱容量である．

したがって，$\mathcal{L}[u(t)] = U(s)$，$\mathcal{L}[v(t)] = V(s)$ とし，初期値を無視してラプラス変換すると次のようになる．

$$qbV(s) + CsV(s) = U(s) \quad ②$$

$$\therefore \quad \frac{V(s)}{U(s)} = \frac{1}{sC+qb} = \frac{K}{1+sT} \quad T = \frac{C}{qb},\ K = \frac{1}{qb} \quad ③$$

2.3.5 二次おくれ要素

図 2.12 に示す電気回路の回路方程式は，式 (2.20)，(2.21) と同様，

$$Ri(t) + L\frac{di(t)}{dt} + \frac{1}{C}\int i(t)\,dt = v_i(t) \quad (2.26)$$

$$C\frac{dv_o(t)}{dt} = i(t) \quad (2.27)$$

この両式より，

$$v_o(t) + CR\frac{dv_o(t)}{dt} + LC\frac{d^2v_o(t)}{dt^2} = v_i(t) \quad (2.28)$$

式 (2.28) の初期値を全部 0 としてラプラス変換すると，伝達関数は，

$$G(s) = \frac{\mathcal{L}[v_o(t)]}{\mathcal{L}[v_i(t)]} = \frac{1}{1+sCR+s^2LC} \quad (2.29)$$

となり，二次おくれ要素となる．

一般に**二次おくれ要素**は，次のように表現される．

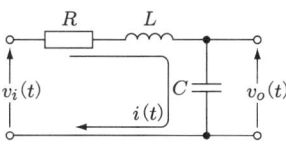

図 2.12 　RLC 回路

$$\frac{K}{1+sT_1+s^2T_2} = \frac{K}{1+2(T_1/2\sqrt{T_2})(s\sqrt{T_2})+(s\sqrt{T_2})^2}$$
$$= \frac{K}{1+2\zeta(s/\omega_n)+(s/\omega_n)^2} \qquad (2.30)$$

ここに,

$$\sqrt{T_2} = \frac{1}{\omega_n} \qquad (2.31)$$

$$\frac{T_1}{2\sqrt{T_2}} = \zeta \qquad (2.32)$$

としたもので,式 (2.30) は**二次おくれ系の標準形**と呼ばれており,さらに,ζ を**減衰係数**または**減衰比**,ω_n を**固有角周波数**,K を**ゲイン定数**と呼んでいる.式 (2.29) を標準形にするには,$\omega_n = 1/\sqrt{LC}$,$\zeta = \frac{R}{2}\sqrt{\frac{C}{L}}$,$K = 1$ とすればよい.なお,ω_n や ζ の求め方は例題 2.4 を参照するとよい.

式 (2.29) は式 (2.25) 同様,分圧の考え方を使えば簡単に求められる.

$$V_o(s) = \frac{\frac{1}{sC}}{R+sL+\frac{1}{sC}} V_i(s) = \frac{1}{1+sCR+s^2LC} V_i(s) \qquad (2.33)$$

【例題 2.3】 図 2.13 は,ばね-ダッシュポットと質量 M とが結合した系である.上下方向のみの運動が可能で,平衡状態において外力 $f(t)$ を質量に加えたとき,平衡状態からの変位を $x(t)$ とすると,$f(t)$ を入力,$x(t)$ を出力とする伝達関数を求めよ.

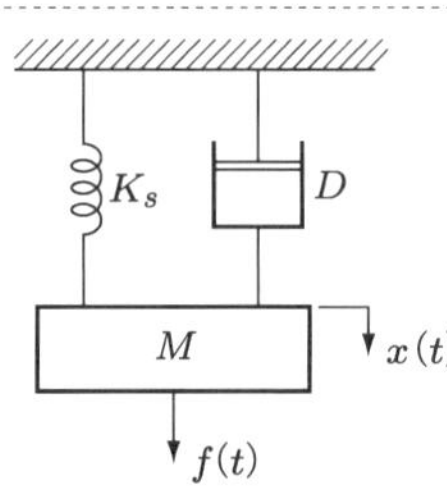

【解】 質量 M に作用する力は,ばねの力 $f_s(t) = K_s x(t)$ と制動力 $f_d(t) = D\,dx/dt$ である.したがって,この系の運動方程式は次式となる.

図 2.13 ばね-ダッシュポット系

$$M\frac{d^2x(t)}{dt^2} = f(t) - f_s(t) - f_d(t)$$
$$= f(t) - K_s x(t) - D\frac{dx(t)}{dt} \qquad \text{①}$$

式①を，すべての初期値を0とおいてラプラス変換すると，

$$s^2 M X(s) = F(s) - K_s X(s) - sDX(s) \quad ②$$

ここに，$\mathscr{L}[x(t)] = X(s)$，$\mathscr{L}[f(t)] = F(s)$ である．したがって，伝達関数 $G(s)$ は，

$$G(s) = \frac{X(s)}{F(s)} = \frac{1}{Ms^2 + Ds + K_s}$$
$$= \frac{K}{(s/\omega_n)^2 + 2\zeta(s/\omega_n) + 1} \quad ③$$
$$\omega_n = \sqrt{\frac{K_s}{M}}, \quad \zeta = \frac{D}{2\sqrt{MK_s}}, \quad K = \frac{1}{K_s}$$

【例題 2.4】 次の伝達関数を二次おくれの標準形式に変形するときの，減衰係数 ζ と固有角周波数 ω_n の値を求めよ．

$$G(s) = \frac{K}{(s^2 + 8s + 96)}$$

【解】 二次おくれ標準形は，$K\omega_n^2/(s^2 + 2\zeta\omega_n s + \omega_n^2)$ とも表現できるので，

$$\omega_n = \sqrt{96} \simeq 9.79$$
$$\zeta = \frac{8}{2\omega_n} = \frac{8}{2\sqrt{96}} \simeq 0.41$$

2.3.6 むだ時間要素

図2.14に示すように水槽に水をホースで充填する場合，A点における水量 $q(t)$ がB点においては移動時間 L だけおくれて流れ出る．この L をむだ時間といい，このような系のことを**むだ時間要素**という．

ホース出口のB点での流量 $y(t)$ は，A点での流量 $q(t)$ に対し時間 L おくれたものとなるから，

$$y(t) = q(t - L) \quad (2.34)$$

となる．そこで初期値を0としてラプラス変換すると（付録2(6)参照）

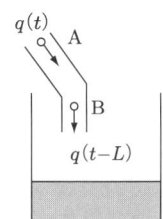

図 2.14 むだ時間要素の例

$$Y(s) = Q(s)e^{-sL} \tag{2.35}$$

したがって，伝達関数は次式となる．

$$G(s) = \frac{Y(s)}{Q(s)} = e^{-sL} \tag{2.36}$$

練習問題 2

1. 問図 2.1 の，電気回路の伝達関数 $V_o(s)/V_i(s)$ を求めよ．

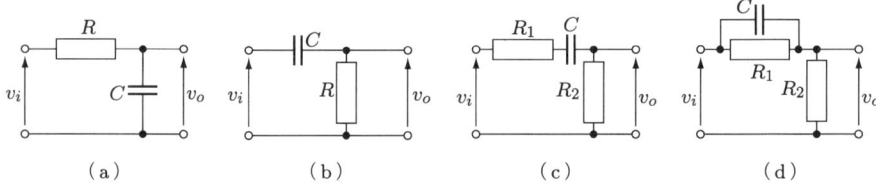

問図 2.1

2. 問図 2.2 の，ばね-ダッシュポット系の伝達関数 $X_o(s)/X_i(s)$ を求めよ．

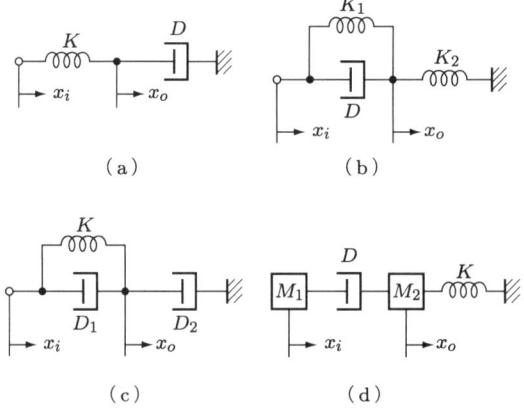

問図 2.2

3. 問図 2.3 に示す底面積 A なるタンクに，単位時間に q_1 の水が流入し，q_2 が流出している．q_2 は水位 h に比例して，その比例定数を α とする．q_1 を入力，h を出力

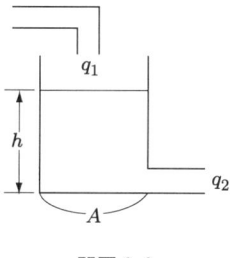

問図 2.3

とする伝達関数を求めよ．

4. 問図 2.4 に示す流体抵抗 R を含むシリーズ接続タンクにおいて，水位 h_1, h_2 をそれぞれ入出力信号とする伝達関数を求めよ．ただし，$h_1 > h_2$ とする．

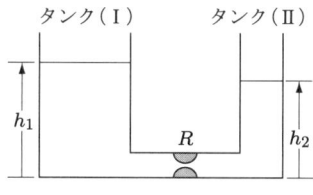

問図 2.4

第3章
ブロック線図とシグナルフロー線図

　この章では，信号間の関係を物理現象との対比を意識しながら線図で表現するブロック線図，およびシグナルフロー線図について，その取扱いを学ぶ．

　自動制御系においては，入出力間の関係を s 領域における伝達関数の形に表現すると，信号の変換はすべて線形代数で計算でき，制御系の信号伝達のありさまを線図で表現できる．

　自動制御系は機械，流体，電気，熱などの多くの伝達要素から構成され，要素の状況は変位，速度，力，熱，電圧，電流などの物理量により変化していく．この物理量を「入力信号」としたとき，要素を通して出力される物理量が「出力信号」で，次の要素に伝達される．

　この関係を示すものが「ブロック線図」である．ブロック線図は，信号間の関係を数式で表現するかわりに，それを線図として表現したものである．線図を簡単化することは数式を解くことと同じ効果を持つ．

3.1　ブロック線図の構成要素

　図 3.1 に，ブロック線図の構成要素を示した．入力信号と出力信号の間の，**信号の加算，減算，信号の分岐，伝達関数**である．いずれも，信号はラプラス変換後の s 領域における信号を取り扱うが，(s) は省略してある．おのおのについて，入力信号を X としたときを（Ⅰ）欄に示した．また，X を出力信号として（Ⅰ）欄の信号の流れと信号の向きを反転させた場合を（Ⅱ）欄に示した．信号の流れる方向は矢印で表記してある．

　分岐における信号 X は，いくつに分岐してもよく，その結果はもとの信号に影響を及ぼさない．すなわち，信号が分割されるのではない．また，信号の向

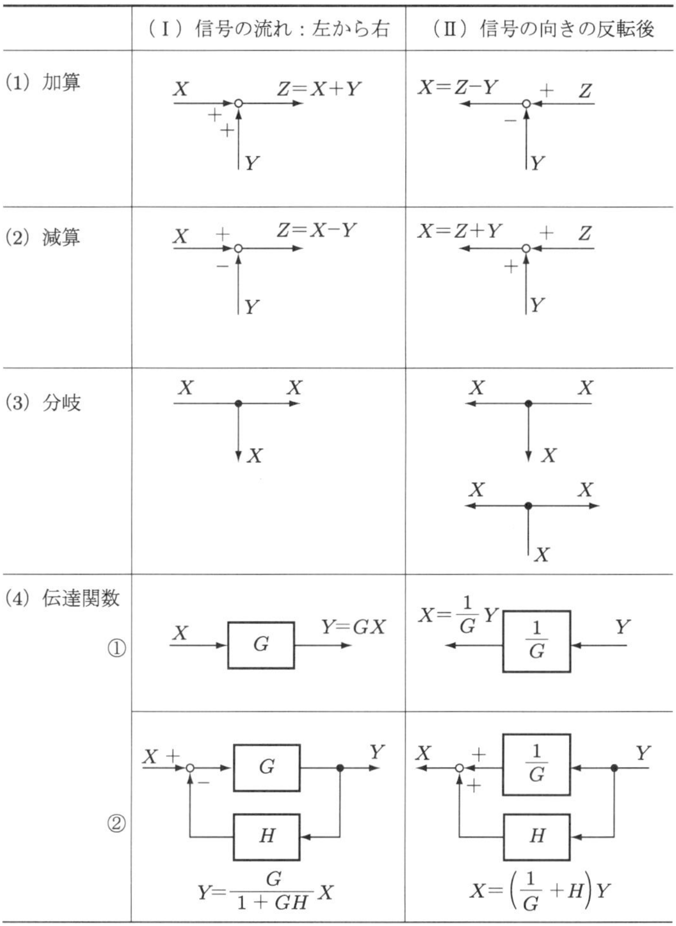

3.1 ブロック線図の構成要素

	（I）信号の流れ：左から右	（II）信号の向きの反転後
(1) 加算	$X \to \bigcirc \to Z=X+Y$ (+,+), Y	$X=Z-Y \leftarrow \bigcirc \leftarrow Z$ (−,+), Y
(2) 減算	$X \to \bigcirc \to Z=X-Y$ (+,−), Y	$X=Z+Y \leftarrow \bigcirc \leftarrow Z$ (+,+), Y
(3) 分岐	$X \to \bullet \to X$, ↓X	$X \leftarrow \bullet \leftarrow X$, ↓$X$ ／ $X \leftarrow \bullet \to X$, ↓$X$
(4) 伝達関数 ①	$X \to \boxed{G} \to Y=GX$	$X=\frac{1}{G}Y \leftarrow \boxed{\frac{1}{G}} \leftarrow Y$
(4) 伝達関数 ②	$X+\bigcirc(-) \to \boxed{G} \to Y$, $\boxed{H}$ ループ, $Y=\frac{G}{1+GH}X$	$X \leftarrow \bigcirc(+,+) \leftarrow \boxed{\frac{1}{G}} \leftarrow Y$, $\boxed{H}$ ループ, $X=\left(\frac{1}{G}+H\right)Y$

図 3.1 ブロック線図の構成要素と信号の反転による変化

きの反転の際，（II）における加算点の符号の変化は注意を要する．伝達関数では，信号の向きの反転によりブロックの中が逆数をとる．

フィードバックループを構成する(4)-②の（I）欄は，

$$Y = \frac{G}{1+GH}X \tag{3.1}$$

と簡略化できるので，ブロック線図も簡単になる．これは，（II）欄に示すように信号の向きを反転すると，

$$X = \left(\frac{1}{G} + H\right)Y \qquad (3.2)$$

となる．これをさらに反転すると，

$$Y = \frac{1}{(1/G) + H}X = \frac{G}{1 + GH}X \qquad (3.3)$$

となり，（I）欄と同じ結果が得られる．このように，ブロック線図を描き，これを簡略化するのに，信号の向きを反転させる方法はきわめて有効な方法である．

【例題 3.1】 図 3.2 の回路のブロック線図を描け．

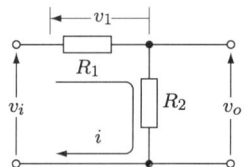

図 3.2 比例要素の電気回路例

【解】 回路に電流 i が図のように流れるとき，R_1 の電圧降下 v_1 と R_2 の電圧降下 v_o の和が v_i となるので，図 3.3(a) のようなブロック線図が得られる．これを反転すれば，v_i より v_o までのブロック線図 (b) が得られる．

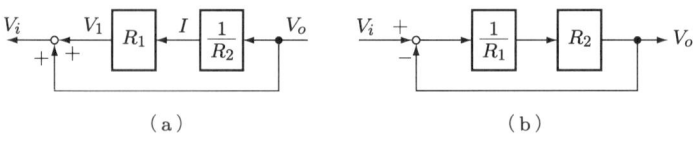

図 3.3 図 3.2 のブロック線図

3.2 微分・積分要素のブロック線図

図 3.4 に，微分要素と積分要素に関するブロック線図を示す．インダクタンス L とキャパシタンス C とは**双対**の関係にある．v の双対は i，i の双対は v である．微分と積分の間には信号の向きの反転の関係にある．このことは，L や C は信号のとり方によって，微分要素になったり，積分要素になったりすることを示している．

交流理論では微分することは $j\omega$ を乗じ，積分することは $j\omega$ で除することが知られている．$s = j\omega$ とすれば図 3.4 が理解できる．

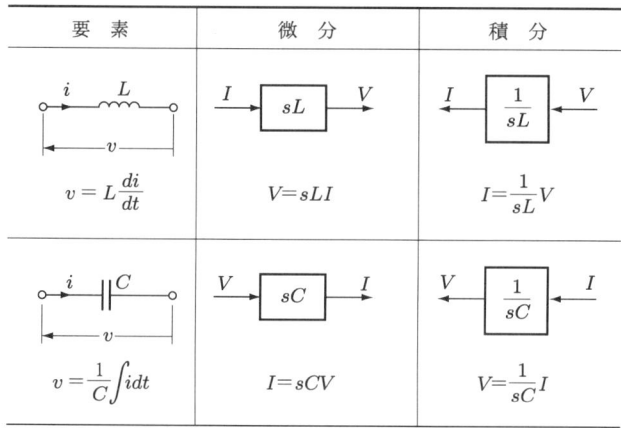

図 3.4 微分・積分要素のブロック線図

【例題 3.2】 図 3.5 に示す抵抗とキャパシタンスで構成される回路について，ブロック線図を用いて表せ．v_i, v_o はそれぞれ入出力信号とする．

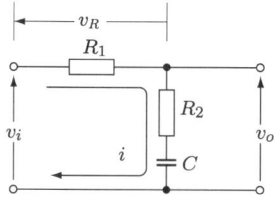

図 3.5 CR 電気回路の例

【解】 出力信号 v_o により回路に流れる電流 i を求め，R_1 の電圧降下 v_R を求める．$v_i = v_R + v_o$ でブロック線図は完成する（図 3.6(a)），(b) は (a) の，信号を反転させて v_i から v_o までのブロック線図としたものである．

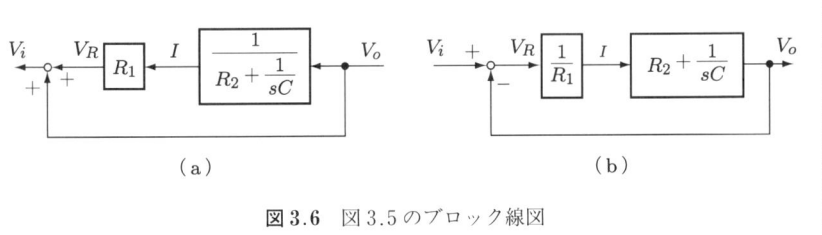

図 3.6　図 3.5 のブロック線図

3.3　ブロック線図の等価変換法

図 3.6 の (a) を直列結合して整理すると図 3.7(a) が得られ，信号を反転させると (b) となり，これを整理すると (c) となる．図 3.6(b) から求めても一致するが，この方法によれば計算は容易である．

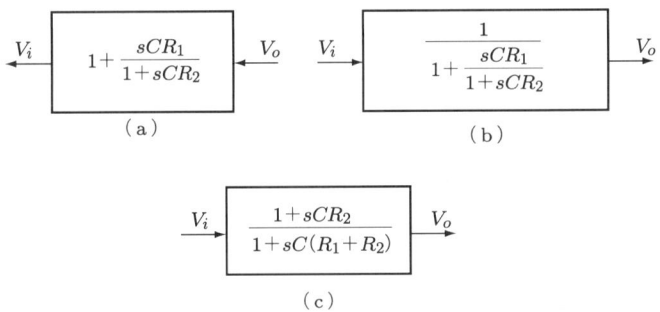

図 3.7　図 3.6(a) からの等価変換例

なお，図 3.5 の v_o は，v_i の分圧として取り扱えば，(c) の結果は，ただちに求め得る．

図 3.8 は，ブロック線図の**等価変換法**についてまとめたものである．図 3.7 のようにブロック線図の簡略化のために，これらの変換法が適宜利用される．

3.3 ブロック線図の等価変換法　23

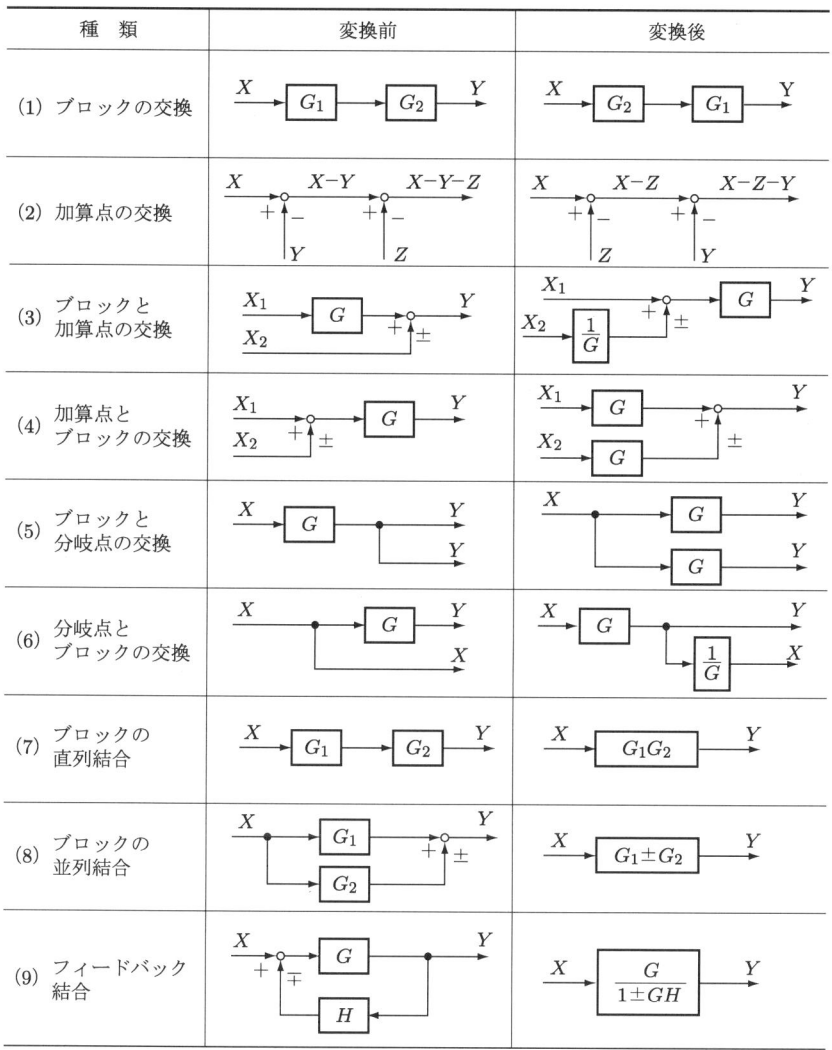

図3.8　ブロック線図の等価変換

【例題 3.3】 図 3.9 に示すブロック線図を簡単にせよ．

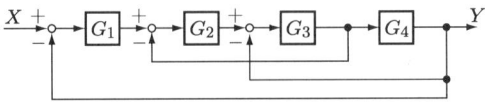

図 3.9 ブロック線図

【解 1】 等価変換による方法　図 3.10 の (a)〜(d) は，等価変換を適宜実施して簡単化したものである．

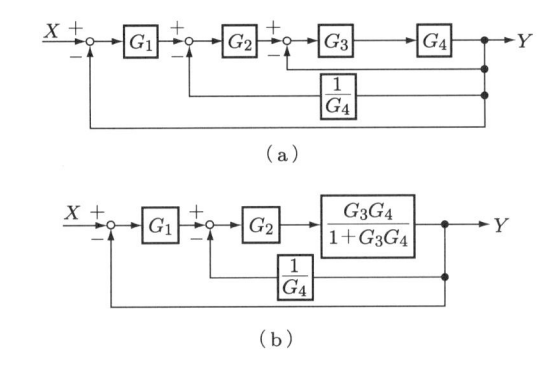

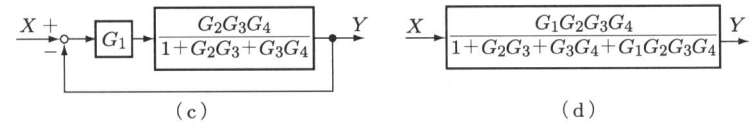

図 3.10　図 3.9 より等価変換により簡略化したブロック線図

【解 2】 信号の反転を利用する方法　(e) は，図 3.9 のブロック線図において信号の向きを反転させる簡単化法である．この方法は視覚的に信号に沿ってブロック線図をつくればよいので，(e)〜(g) の分母へは (f) がなくてもつくることができる．したがって，信号の向きを反転させる方法は，より簡便な方法であることがわかる．

(e)

(f)

(g)

図 3.10 図 3.9 より等価変換により簡略化したブロック線図（つづき）

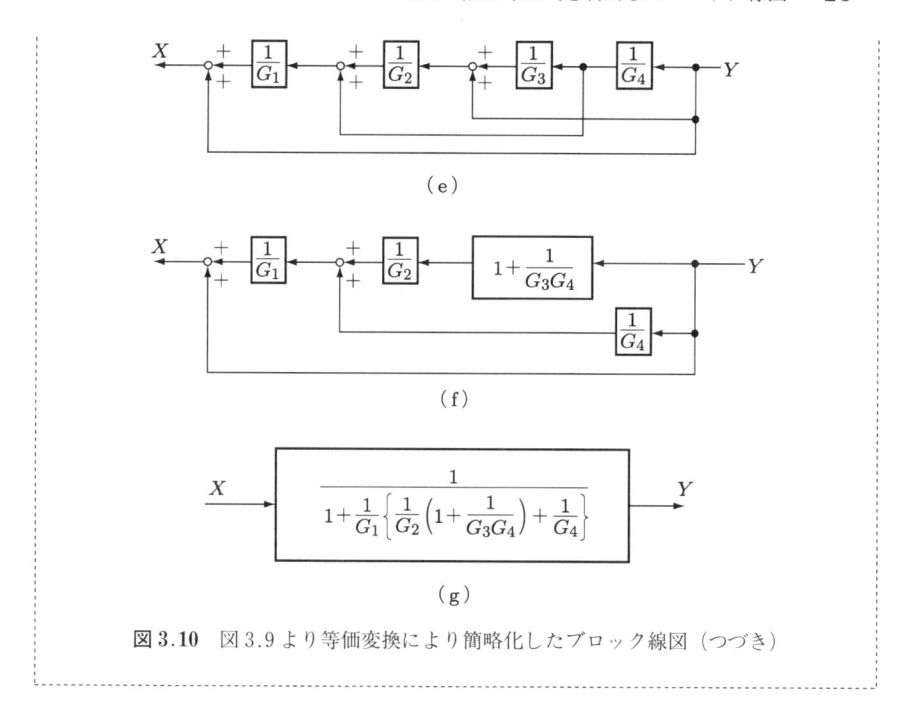

3.4 微分方程式を利用したブロック線図

　すでに述べた図 3.5 の電気回路では，回路方程式をつくることなく回路要素と電圧，電流などの関係からブロック線図の構成ができた．また，図 3.9 のように，すでにブロック線図として与えられているものについての簡略化についても検討した．

　一般には，システムについて検討を加えるとき，システムの構成要素についての関係式を作製し，それに基づいてブロック線図をつくりあげるのが普通である．そこで，ここでは微分方程式からブロック線図をつくることを考える．

　例として，図 3.11(a) に示すばね-ダッシュポット系において，ピストンの変位 x_i を入力信号，シリンダの変位 x_o を出力信号と考え，ばね定数 K，ダッシュポット内の油の粘性摩擦係数を D とするときの微分方程式は次式で与えられる．

$$D\frac{d}{dt}(x_i - x_o) = Kx_o \tag{3.4}$$

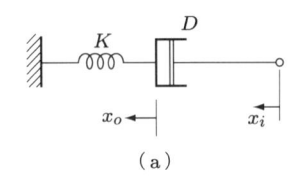

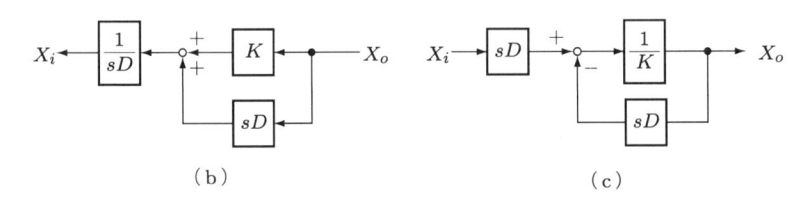

図3.11 ばね-ダッシュポット系

式 (3.4) の左辺はばねに作用する力で，右辺のばねの弾力と平衡がとれる．この式 (3.4) より x_o を仮の入力とする図3.11(b) のブロック線図が得られ，信号の向きを反転させると(c)となり，整理すると次式が得られる．

$$\frac{X_o}{X_i} = \frac{(1/K)sD}{1+(sD/K)} = \frac{sT}{1+sT} \qquad \text{ここに，} T = \frac{D}{K} \qquad (3.5)$$

【例題3.4】 図3.12のような回転運動系において，J_1 を電動機の慣性モーメント，D_1 を軸受の粘性摩擦係数，J_2 は負荷の慣性モーメント，D_2 を負荷側の粘性摩擦係数とし，K は電動機と負荷を結合するシャフトのばね定数とする．いま，入力軸をトルク τ で回転したとき，入力側が θ_1 で回転し，出力側が θ_2 で回転したとすれば，運動方程式は，入力側および出力側で，

$$J_1 \frac{d^2\theta_1}{dt^2} = \tau - D_1 \frac{d\theta_1}{dt} - K(\theta_1 - \theta_2) \qquad ①$$

$$J_2 \frac{d^2\theta_2}{dt^2} = K(\theta_1 - \theta_2) - D_2 \frac{d\theta_2}{dt} \qquad ②$$

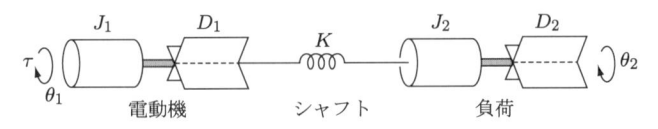

図3.12 回転運動系

となる．ここで，入力を τ，出力を θ_2 とするとき，この間のブロック線図を上の二つの微分方程式を用いてつくり，伝達関数を求めよ．

(a)

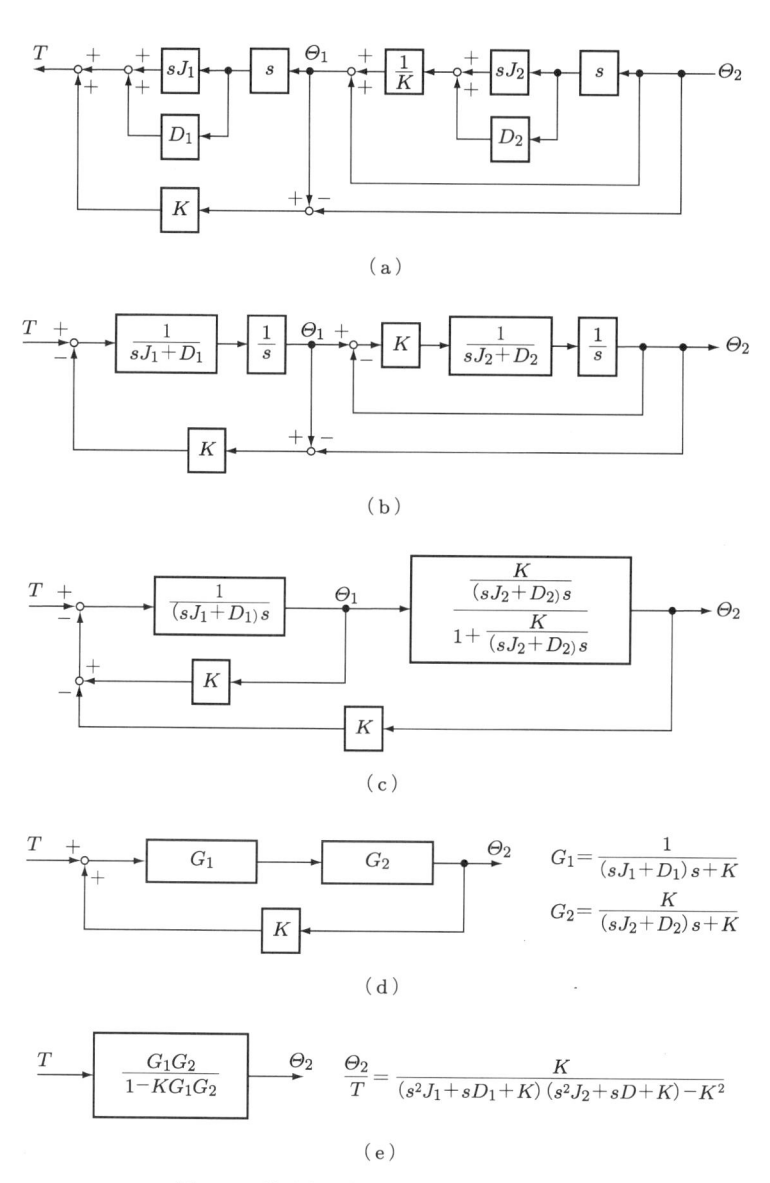

(b)

(c)

(d) $G_1 = \dfrac{1}{(sJ_1+D_1)s+K}$

$G_2 = \dfrac{K}{(sJ_2+D_2)s+K}$

(e) $\dfrac{\Theta_2}{T} = \dfrac{K}{(s^2J_1+sD_1+K)(s^2J_2+sD+K)-K^2}$

図 3.13 微分方程式から求めたブロック線図

【解】 θ_2 を仮の入力とするブロック線図を，式②の微分方程式に基づいて作成する．K は両式にあるので，一つのブロックで表現せず，複数のブロックで表現してもよい．

T を仮の出力とするブロック線図，図 3.13(a) を得る．この際，(a) 右半分は，式②より θ_2 を入力，θ_1 を出力とし，左半分は，式①より θ_1，θ_2 を入力，T を出力とするよう構成されている．

(b) は (a) を整理しながら信号の向きを反転させて T を入力，Θ_2 を出力としたものである．

(c) では，(b) の K とその前の加算点を交換している．(d) と (e) は，(c) を整理したものである．

このように，微分方程式よりブロック線図を構成し，それを簡単化すれば系の入出力関係すなわち，伝達関数を求めることができる．

3.5 シグナルフロー線図

これまで，系の特性を示すための手法としてブロック線図について述べてきた．ブロック線図を簡易化する際，系は互いに干渉しないよう考慮することが要求された．ブロックの数の減少に伴い，各ブロックの伝達関数は複雑となる．

また，ブロックの変換によりブロック間の信号は消失する．これに対して，**シグナルフロー線図（信号流れ線図ともいう）** は，ブロック線図より詳細に系の信号伝達状況を表示でき，線形系の中での信号の流れと，その量的関係につき **s 領域において** 線図で示したものである．これは，フィードバックや制御についての性質の検討に有効であるばかりでなく，各方面への応用が期待できる．

3.5.1 シグナルフロー線図の構成

シグナルフロー線図に用いられる用語と用法について，以下に述べる．

（1） **節（node）**　　ノードとも呼び，信号を意味し，○印で表す．

（2） **枝（branch）**　　2 節間，すなわち信号間の関係を示すもので，節間を結ぶ線分で，線分上に信号の流れる方向を示す矢印を付す．この枝は必ず節間にある．図 3.14 に節と枝を示す．

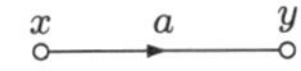

（3） **トランスミッタンス（transmittance）**　　図 3.14 の矢印に沿って表示したもので，信号伝達の程度を表す．図

$x \xrightarrow{\quad a \quad} y$

図 3.14 節と枝

図 3.14 では，入力信号 x，出力信号 y の節およびトランスミッタンス a の枝からなるシグナルフロー線図で，これは，

$$y = ax$$

を意味する．トランスミッタンスは伝達関数に相当する．

ブロック線図では信号に方向性をもたせたのに対し，シグナルフロー線図では，要素に方向性をもたせていることがわかる．その点が両者の相違点である．

（4）**分岐**　図 3.15(a) は，一つの節からほかの二つの節に影響を与えるときに用いられる．節 x の信号が二つに分配されるのではなく，節 x が 2 方向に影響を与えることを意味する．

（5）**加算**　(b) の表示は，各トランスミッタンスを通ってきた二つの信号の和を意味する．「－」に加算したいときは，入るトランスミッタンスにマイナス符号をつければよい．

（6）**入力節**（**source**）　信号がでる枝のみを持つ節で，ほかの信号の影響を受けない独立関数と考えてよい．

（7）**出力節**（**sink**）　信号が入る枝のみを持つ節で，ほかの信号に影響を与えない節で，解として得たい信号の表示に用いる．

（8）**パス**（**path**）　source から sink まで枝の矢印に沿って通過する径路をいい，径路の各トランスミッタンスの積を**パス・トランスミッタンス**という．

（9）**ループ**（**loop**）　ある節から枝の矢印の向きに出発して，ふたたび元の節に戻る径路をいう．その際，一つの節を二度通過してはならない．ループを構成する全トランスミッタンスの積を，**ループ・トランスミッタンス**という．

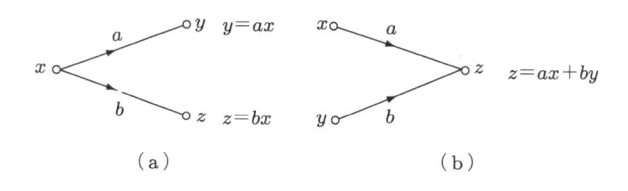

図 3.15　(a) 分岐と (b) 加算

【例題 3.5】 図 3.9 に示されるブロック線図を，シグナルフロー線図に変換せよ．

【解】 図 3.9 をシグナルフロー線図に変換すると，図 3.16 のようになる．ブロック線図をシグナルフロー線図に変換する手順は，次のように考えればよい．

（1） 入出力信号は節とし source と sink とする．この二つの節にトランスミッタンス 1 を接続する．

（2） 加算点は節とする．加算点に ± の信号が入るとき，節に ±1 のトランスミッタンスを接続する．

（3） 分岐点は節とする．分岐点に相当する節に 1 なるトランスミッタンスを接続する．

（4） 線図が交差しないよう，1 なるトランスミッタンスを適宜挿入する．図 3.16 におけるシグナル線図では，source は x, sink は y である．ともに 1 なるトランスミッタンスを接続してある．

パス・トランスミッタンスは，$P_1 = g_1 g_2 g_3 g_4$ のみ．パスには 1 なるトランスミッタンスも含むが，P_1 では省略してある．

ループトランスミッタンスは，$L_1 = -g_1 g_2 g_3 g_4$, $L_2 = -g_2 g_3$, $L_3 = -g_3 g_4$ で，− 符号はループに −1 を 1 個含むからである．

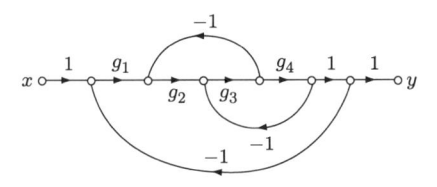

図 3.16　図 3.9 のシグナルフロー線図化

3.5.2 シグナルフロー線図の等価変換

図 3.17 に，シグナルフロー線図の等価変換表を示す．シグナルフロー線図においても節，枝などの消去により線図を変形，簡単化する．

図中 (7)-(a) のループの変換に関しては，図 3.18 のように 1 を挿入して考えれば (6) と同じになり理解しやすい．(7)-(b) のループすなわち図 3.19(a) のループも信号の方向が (7)-(a)，すなわち図 3.18(a) と反対方向になっている．この場合の扱いも，(7)-(a) すなわち図 3.18 と同じであって，図 3.19(b) とは異なるので，この点は注意を要する．

3.5 シグナルフロー線図

	I	II			I	II
(1)	$x \xrightarrow{a} y \xrightarrow{b} z$ $y=ax$ $z=by$	$x \xrightarrow{ab} z$ $z=abx$	(5)	x_1, a_1, b_1, z_1 / x_2, a_2, b_2, z_2 (交差) $y=a_1x_1+a_2x_2$ $z_1=b_1y_1,\ z_2=b_2y$	$x_1 \xrightarrow{a_1b_1} z_1$, a_1b_2, a_2b_1, $x_2 \xrightarrow{a_2b_2} z_2$ $z_1=a_1b_1x_1+a_2b_1x_2$ $z_2=a_1b_2x_1+a_2b_2x_2$
(2)	$x \underset{b}{\overset{a}{\rightleftarrows}} y$ $y=ax+bx$	$x \xrightarrow{a+b} y$ $y=(a+b)x$	(6)	$x \xrightarrow{a} y_1 \xrightarrow{b} y_2 \xrightarrow{d} z$, c feedback $y_1=ax+cy_2$ $y_2=by_1$ $z=dy_2$	$x \xrightarrow{\frac{abd}{1-bc}} z$ $z=\dfrac{abd}{1-bc}x$
(3)	$x_1 \xrightarrow{a_1} y \xrightarrow{b} z$, $x_2 \xrightarrow{a_2}$ $y=a_1x_1+a_2x_2$ $z=by$	$x_1 \xrightarrow{a_1b} z$, $x_2 \xrightarrow{a_2b}$ $z=a_1bx_1+a_2bx_2$	(7)(a)	$x \xrightarrow{a} y \xrightarrow{b} z$, ループ$c$ $y=ax+cy$ $z=by$	$x \xrightarrow{\frac{ab}{1-c}} z$ $z=\dfrac{ab}{1-c}x$
(4)	$x \xrightarrow{a} y \xrightarrow{b_1} z_1$, $\xrightarrow{b_2} z_2$ $y=ax$ $z_1=b_1y,\ z_2=b_2y$	$x \xrightarrow{ab_1} z_1$, $\xrightarrow{ab_2} z_2$ $z_1=ab_1x$ $z_2=ab_2x$	(7)(b)	$x \xrightarrow{a} y \xrightarrow{b} z$, yにループc	

図 3.17 シグナルフロー線図の等価変換

(a) $x \xrightarrow{a} \bullet \xrightarrow{b} y$, ループ$c$ (b) $x \xrightarrow{a} \bullet \xrightarrow{1} \bullet \xrightarrow{b} y$, c feedback   (c) $x \xrightarrow{\frac{ab}{1-c}} y$

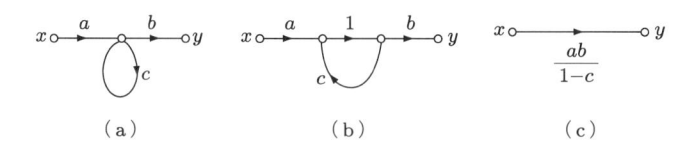

図 3.18 ループの消去法 (a)→(b)→(c)

(a) $x \xrightarrow{a} y \xrightarrow{b} z$, ループ$c$ $z=\dfrac{ab}{1-c}x$ (b) $x \xrightarrow{a} y_1 \xrightarrow{1} y_2 \xrightarrow{b} z$, c feedback $z=ab(1+c)x$

図 3.19 (a)のループ c は (b) とは異なる

3.5.3 メイソンの公式

　シグナルフロー線図にしろ，ブロック線図にしろ構成が複雑なときには等価変換による線図の簡単化は手間がかかり容易でない．グラフ的構造から**合成トランスミッタンス**を直接求める方法が**メイソンの公式**で，この方法はきわめて有効な方法である．source から sink までの合成トランスミッタンス T は，次式により求められる．

$$T = \frac{\sum P_i \Delta_i}{\Delta} \qquad (3.6)$$

ここに，

（ⅰ）　$\Delta = 1 - \sum L_i + \sum L_i L_j - \sum L_i L_j L_k + \cdots$

$$+ (-1)^n \sum \overbrace{L_i L_j L_k \cdots}^{n} + \cdots \qquad (3.7)$$

　$\sum L_i$：シグナルフロー線図中のすべてのループ・トランスミッタンスの総和．
　$\sum L_i L_j$：互いに**独立**な二つのループ・トランスミッタンスの積の総和．
　$\sum L_i L_j L_k$：互いに独立な三つのループ・トランスミッタンスの積の総和．
　<u>互</u>いに独立とは，複数個のループが互いに共通の節を持たない場合をいう．例題を参照すればわかりやすい．

（ⅱ）　Δ_i：パス P_i が通るすべての節およびそれに付着している枝を除いてできるシグナルフロー線図における Δ．これは（ⅰ）と同じ手順でつくる．
　$\sum P_i \Delta_i$：シグナルフロー線図中のすべてのパスについての総和．

　source から sink までの合成トランスミッタンスは，システムの伝達関数にほかならない．ブロック線図を簡単化して伝達関数を求める方法に対し，メイソンの公式を用いて合成トランスミッタンスを求める方法は，ループのとり方を間違えなければはるかに容易である．したがって，本書ではシグナルフロー線図を用いて話を進めることとした．

【例題 3.6】 図 3.20 に示される，シグナルフロー線図の合成トランスミッタンスを求めよ．

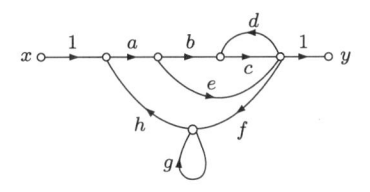

図 3.20 シグナルフロー線図例

【解】 ループ・トランスミッタンス L は四つある．

$$L_1 = abcfh, \quad L_2 = cd, \quad L_3 = g, \quad L_4 = aefh$$

L_2 と L_3 とは共通の節をもたないので互いに独立である．

x から y までのパス・トランスミッタンス P は二つで，$P_1 = abc$, $P_2 = ae$, P_1 と P_2 に付着する節および枝を除くと，ともに $L_3 = g$ が残る．よって，

$$\Delta = 1 - (abcfh + cd + g + aefh) + cd \cdot g \qquad ①$$
$$\sum P_i \Delta_i = abc(1-g) + ae(1-g) \qquad ②$$

したがって，メイソンの公式より合成トランスミッタンス $T = y/x$ は，

$$\frac{y}{x} = \frac{(abc + ae)(1-g)}{1 - (abcfh + cd + g + aefh) + cdg} \qquad ③$$

【例題 3.7】 図 3.21 のブロック線図をシグナルフロー線図とし，y/x を求めよ．

【解】 図 3.21 をシグナルフロー線図で表現すると，図 3.22 となる．ただし，伝

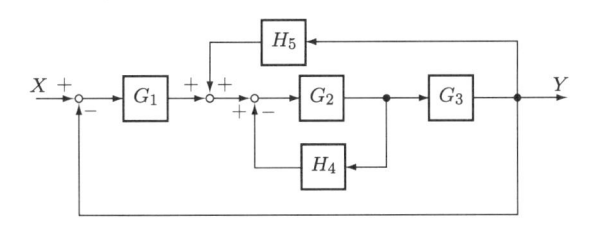

図 3.21 ブロック線図

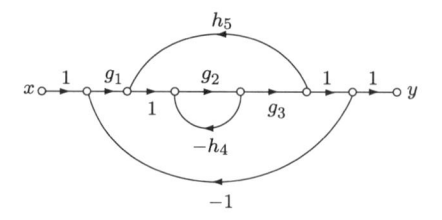

図 3.22 図 3.21 のシグナルフロー線図

達関数 G と H はトランスミッタンス g と h で表現している．直結フィードバック径路のトランスミッタンスは -1 とし，H_4 は $-$ に入るので $-h_4$ としている．

図 3.22 においては，ループ・トランスミッタンス L は三つある．

$$L_1 = -g_1 g_2 g_3, \quad L_2 = -g_2 h_4, \quad L_3 = g_2 g_3 h_5$$

これらは互いに独立でない．

x から y までのパス・トランスミッタンス P は，

$$P_1 = g_1 g_2 g_3$$

P_1 に付着する節および枝を除くとループ・トランスミッタンスは残らないので，$\Delta_1 = 1$，

したがって，

$$\frac{y}{x} = \frac{g_1 g_2 g_3}{1 + g_1 g_2 g_3 + g_2 g_4 - g_2 g_3 h_5} \qquad ①$$

図 3.23 に，図 3.21 のブロック線図における信号を反転させて求める方法を示した．①の結果は，信号を反転させて求めた図 3.23 における (d) と一致している．メイソンの公式の有効性が理解できる．

(a)

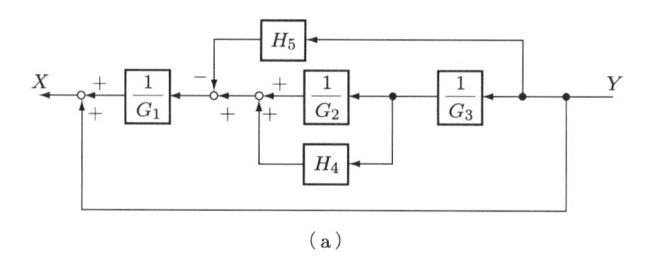

図 3.23 信号の反転による方法

$$X \leftarrow \boxed{1+\dfrac{1}{G_1}\left\{\left(\dfrac{1}{G_2}+H_4\right)\dfrac{1}{G_3}-H_5\right\}} \leftarrow Y$$

（b）

$$X \rightarrow \boxed{\dfrac{1}{1+\dfrac{1}{G_1 G_2 G_3}+\dfrac{H_4}{G_1 G_3}-\dfrac{H_5}{G_1}}} \rightarrow Y$$

（c）

$$X \rightarrow \boxed{\dfrac{G_1 G_2 G_3}{1+G_1 G_2 G_3+G_2 H_4-G_2 G_3 H_5}} \rightarrow Y$$

（d）

図 3.23　信号の反転による方法（つづき）

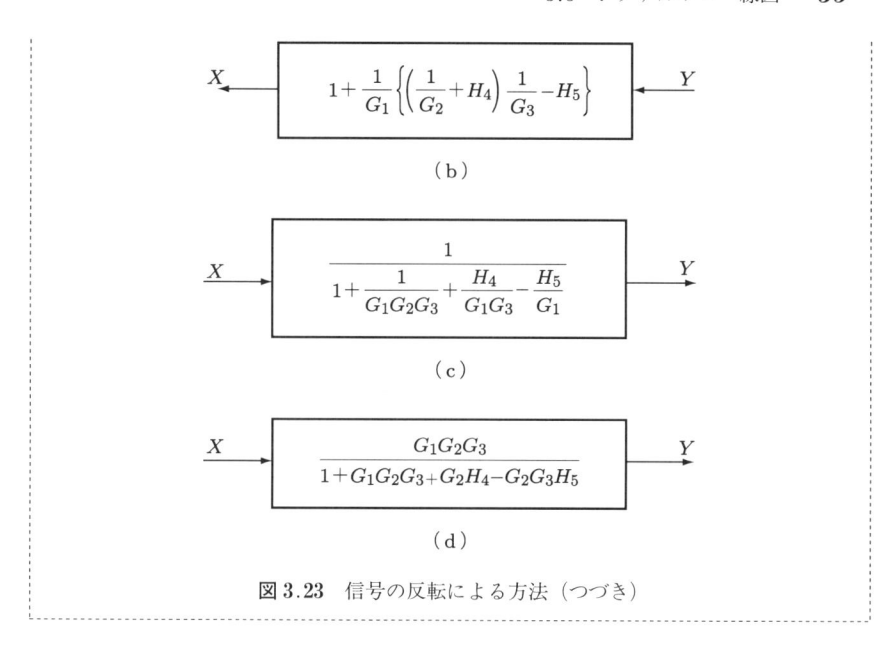

3.5.4　source と sink の変換

すでに，ブロック線図における信号の向きの反転法についていろいろな経験をし，その有効性を確認しているので，シグナルフロー線図においても同様な手法について検討する．

いま，図 3.24(a) に示すシグナルフロー線図の source x を sink とし，sink y を source に変換する．この際，各信号間の方程式は不変である．図 3.24(a) で，

$$y = abx + cbx_1 \tag{3.8}$$

$$y_1 = adx + cdx_1 \tag{3.9}$$

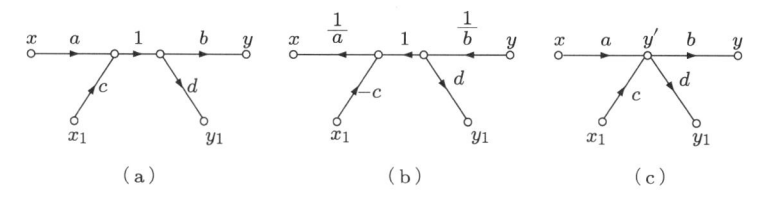

（a）　（b）　（c）

図 3.24　source と sink の変換

式 (3.8) より x を求めると，

$$x = \frac{1}{ab}y - \frac{c}{a}x_1 \qquad (3.10)$$

式 (3.10) を式 (3.9) に代入すると

$$y_1 = \frac{d}{b}y \qquad (3.11)$$

式 (3.10)，(3.11) を利用して，y と x_1 を source，x と y_1 を sink としてシグナルフロー線図を描くと図 3.24(b) のようになる．これが，source x と sink y を交換した場合のシグナルフロー線図である．これは，図 3.1 のブロック線図における信号の向きの反転法と同じであることがわかる．

なお，図 3.24(c) のように一つの節 y' が入る枝と出る枝を共有するときは，パス中の信号の流れに沿って(a)のように 1 を挿入し，その後 source と sink とを交換すればよい．

【例題 3.8】 図 3.25 に示す機械系の運動方程式を求め，シグナルフロー線図で示せ．x_i から x_1，x_i から x_2 までの伝達関数を求めよ．図で M_1，M_2 は質量，D はダンパの粘性摩擦係数，K_1，K_2 はばね定数である．

【解】 M_1 に関する運動方程式は①，M_2 に関するそれは②で表せる．

$$M_1 \frac{d^2 x_1}{dt^2} = K_1(x_i - x_1) - K_2(x_1 - x_2) \qquad ①$$

$$M_2 \frac{d^2 x_2}{dt^2} = K_2(x_1 - x_2) - D\frac{dx_2}{dt} \qquad ②$$

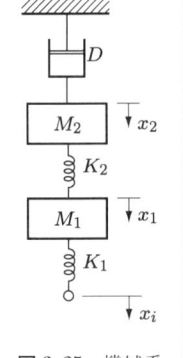

図 3.25 機械系

①と②をシグナルフロー線図表現で描くのに，$x_2 \to x_1 \to x_i$ の方向につくる (図 3.26)．ただし，①，②をラプラス変換し，初期値はすべて 0 としている．

図 3.26(a) の左から 2 番目の枝に 1 を入れたのは，信号の方向を反転するとき，その節に入る枝のトランスミッタンスの符号の変換を明確にするためである．(b)は(a)の信号の方向を反転したもので，同一の節への加算は一括してある．

$X_i(s)$ を source とし，$X_1(s)$ あるいは $X_2(s)$ を sink としてメイソンの公式により伝達関数を求めると次のようになる．

$$\frac{X_1(s)}{X_i(s)} = \frac{\dfrac{K_1}{s^2 M_1 + K_1}}{1 - \left\{\dfrac{-K_2}{s^2 M_1 + K_1} + \dfrac{K_2{}^2}{(s^2 M_1 + K_1)(s^2 M_2 + sD + K_2)}\right\}} \quad ③$$

$$= \frac{K_1(s^2 M_2 + sD + K_2)}{(s^2 M_1 + K_1)(s^2 M_2 + sD + K_2) + K_2(s^2 M_2 + sD + K_2) - K_2{}^2}$$

$$= \frac{K_1(s^2 M_2 + sD + K_2)}{(s^2 M_1 + K_1 + K_2)(s^2 M_2 + sD + K_2) - K_2{}^2} \quad ④$$

$$\frac{X_2(s)}{X_i(s)} = \frac{K_1 K_2}{(s^2 M_1 + K_1 + K_2)(s^2 M_2 + sD + K_2) - K_2{}^2} \quad ⑤$$

この例題の方程式は，例題 3.4 の方程式と類似している．例題 3.4 の解法に比較して，この解法におけるメイソンの公式の有効性が理解できる．

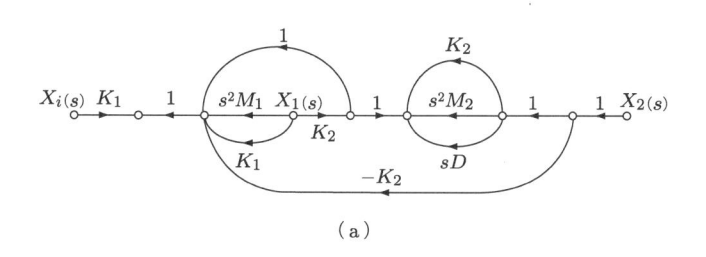

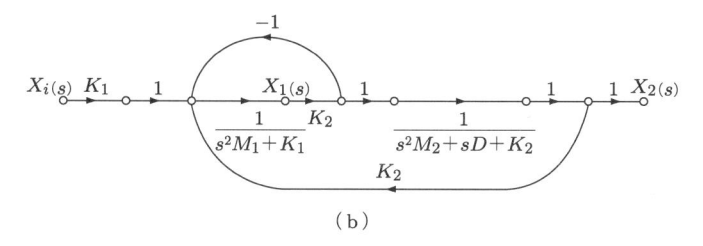

図 3.26 図 3.25 の系のシグナルフロー線図表現

【例題 3.9】 図 3.27 に示す，電機子制御直流サーボモーターシステムの $E_i(s)$ から $\Omega(s)$ までの伝達関数を求めよ．

【解】 電機子回路の抵抗とインダクタンスを R, L とし，$i(t)$ を電機子電流，$e_i(t)$ を電機子電圧，$v_c(t)$ をモーターの逆起電力，K_1 を逆起電力定数，$\tau(t)$ を

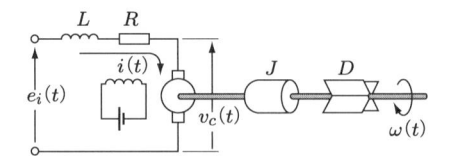

図 3.27 電機子制御直流サーボモーター

モーターの発生トルク，K_2 をトルク定数，J, D を負荷の慣性モーメントと粘性摩擦係数，$\omega(t)$ を電機子角速度とすると，次の各式が成り立つ．

$$e_i(t) - v_c(t) = L\frac{di(t)}{dt} + Ri(t) \qquad ①$$

$$v_c(t) = K_1 \omega(t) \qquad ②$$

$$\tau(t) = K_2 i(t) = J\frac{d\omega(t)}{dt} + D\omega(t) \qquad ③$$

これらの各式を用いて，初期値を 0 と置いてラプラス変換し，電機子電圧 $E_i(s)$ から電機子角速度 $\Omega(s)$ までの伝達関数を求める．そのため，$\Omega(s)$ から $E_i(s)$ まで信号の流れをみてシグナルフロー線図をつくり，信号の向きを反転することにする．その結果を図 3.28 に示す．二次系となっている．

$E_i(s)$ から $\Omega(s)$ までの合成トランスミッタンスすなわち伝達関数 $G(s)$ は，メイソンの公式より

$$\begin{aligned}G(s) &= \frac{\Omega(s)}{E_i(s)} \\ &= \frac{K_2/sRJ}{1 - \left\{-\dfrac{sL}{R} - \dfrac{D}{sJ} - \dfrac{K_1 K_2}{sRJ}\right\} + \left(-\dfrac{sL}{R}\right)\left(-\dfrac{D}{sJ}\right)}\end{aligned} \qquad ④$$

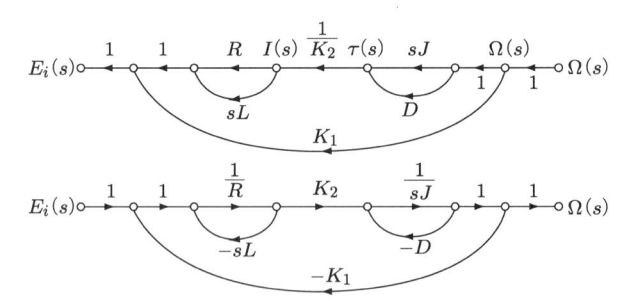

図 3.28 図 3.27 のシステムのシグナルフロー線図

$$= \frac{K_2/(K_1K_2 + RD)}{1 + s\dfrac{LD + JR}{K_1K_2 + RD} + s^2 \dfrac{LJ}{K_1K_2 + RD}} \quad \text{⑤}$$

シグナルフロー線図の信号の流れの反転は，ブロック線図の反転とまったく同様に考えればよい．

練習問題 3

1. 練習問題2の1.(a)〜(d)の電気回路を問図3.1のように描くと，回路のインピーダンス Z およびアドミタンス Y は問表3.1のように表現される．この回路のブロック線図を求め，v_i から v_o までの伝達関数を求めよ．

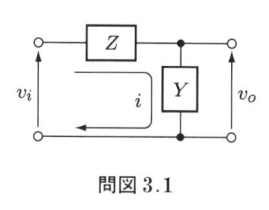

問図 3.1

問表 3.1

	(a)	(b)	(c)	(d)
Z	R	$\dfrac{1}{sC}$	$R_1 + \dfrac{1}{sC}$	$\dfrac{1}{1/R_1 + sC}$
Y	sC	$\dfrac{1}{R}$	$\dfrac{1}{R_2}$	$\dfrac{1}{R_2}$

2. 問図3.2の電気回路のブロック線図を求め，v_i から v_o までの伝達関数を求めよ．

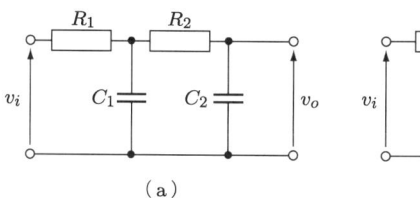

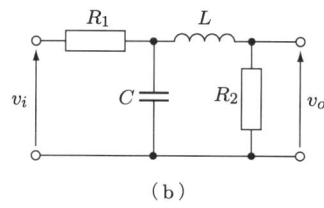

(a)　　　　　　　　(b)

問図 3.2

3. 問図 3.3 の各システムの伝達関数を求めよ．

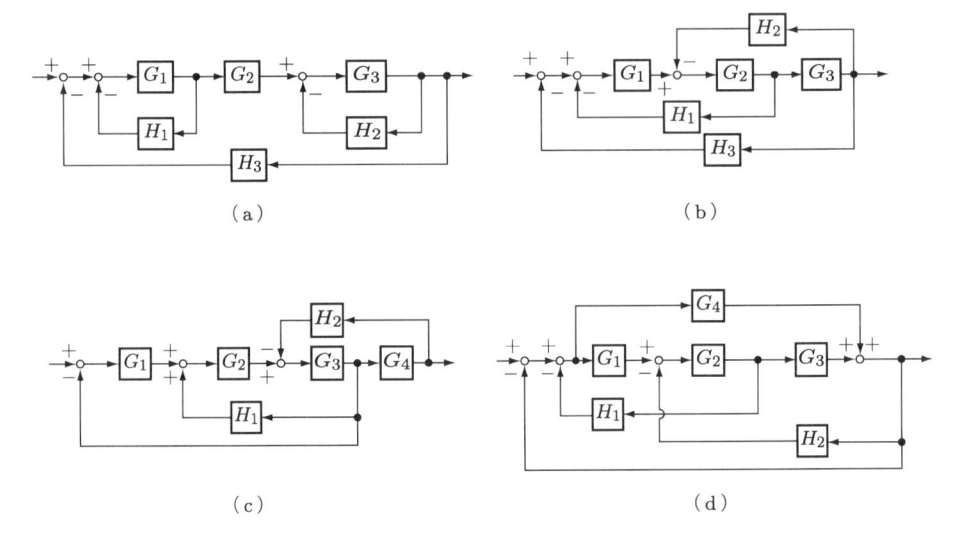

（a） （b）

（c） （d）

問図 3.3

4. 問図 3.4 は，フィードフォワードとフィードバックが混在する制御系である．この系の伝達関数を求めよ．

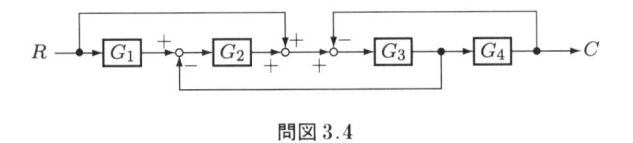

問図 3.4

5. 問図 3.5 の干渉系において，伝達関数 C_1/R_1，C_1/R_2 を求めよ．

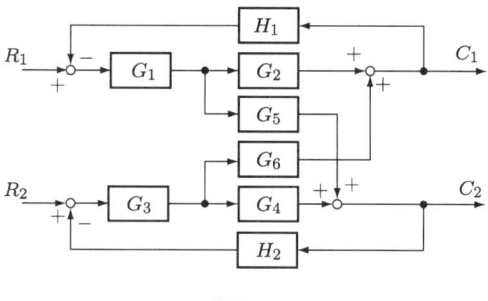

問図 3.5

6. 問図 3.6 のシグナルフロー線図で，x から y までの合成トランスミッタンスを求めよ．

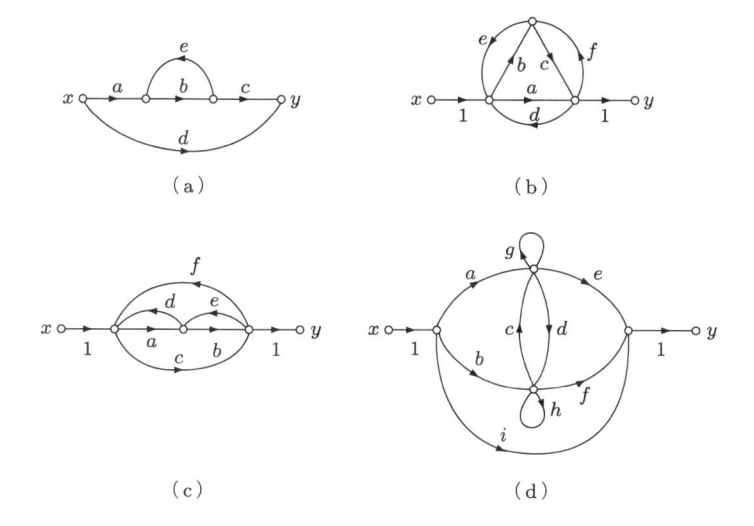

(a)　　　(b)

(c)　　　(d)

問図 3.6

第4章
過渡応答

システムに入力信号を与えたとき,出力に生ずる信号をそのシステムの応答という.この章では,定常状態に至るまでの過渡的な応答について,特に入力に単位ステップ信号を与えたときの応答について学ぶ.

図4.1(a),(b)に示すように,応答波形は一般に,時間軸上で二つの区間に区別して考えることができる.すなわち,時間が十分経過し,一定の値に落ちついてからの応答と,落ちつくまでの応答である.

前者を「定常応答」といい,これにより決まる特性を「定常特性」という.これに対して後者を「過渡応答」といい,これにより決まる特性を「過渡特性」という.また,過渡応答を伴うシステムを「動的システム」,伴わないか無視したシステムを「静的システム」という.

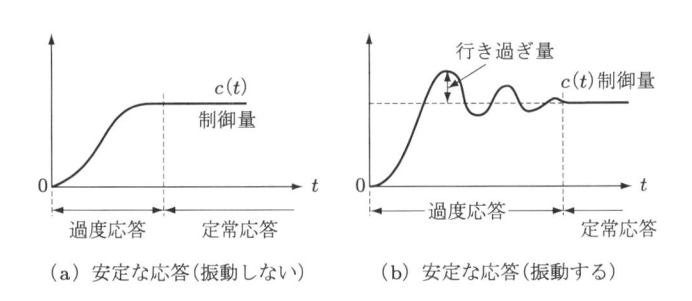

(a) 安定な応答(振動しない)　　(b) 安定な応答(振動する)

図4.1 システムの応答

4.1 過渡項と定常項

図 4.2 に示すように,系の出力 $Y(s)$ は伝達関数 $G(s)$ に入力 $X(s)$ が印加された結果得られる.したがって,一般に $Y(s)$ の**極*** は,$G(s)$ の極と,$X(s)$ の極からなり,ラプラス逆変換をした $y(t)$ も,$G(s)$ の極による成分と $X(s)$ の極による成分とに分けられる.例えば,

$$G(s) = \frac{1}{(s+3)} \tag{4.1}$$

$$X(s) = \frac{1}{s} \tag{4.2}$$

であると,

$$Y(s) = \frac{1}{s(s+3)} \tag{4.3}$$

これより,$Y(s)$ を逆ラプラス変換すると,$y(t)$ は次のようになる.

$$\begin{aligned} y(t) &= \mathscr{L}^{-1}[Y(s)] \\ &= [sY(s)]_{s=0} \cdot e^{0t} + [(s+3)Y(s)]_{s=-3} \cdot e^{-3t} \\ &= \frac{1}{3} + \left(-\frac{1}{3}\right)e^{-3t} \end{aligned} \tag{4.4}$$
$$\tag{4.5}$$

この第 1 項は $X(s)$ の極 (0) による成分で,第 2 項は $G(s)$ の極 (-3) による成分である.このように,$y(t)$ のうち $X(s)$ の極による成分を**定常項**,また,$G(s)$ の極による成分を**過渡項**と呼ぶ.

ここで,$Y(s)$ の一つの極 s_i がその値によって,$y(t)$ の中の成分 $K_i e^{s_i t}$ とし

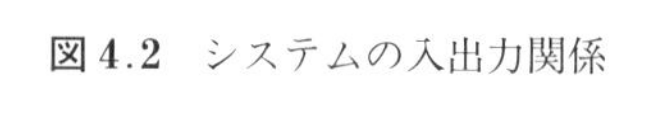

$$X(s) \longrightarrow \boxed{G(s)} \longrightarrow Y(s) = G(s)X(s)$$

図 4.2 システムの入出力関係

 $*$ $Y(s) = q(s)/p(s)$ として表されるとき,$Y(s) \to \infty$ となるような s の値を $Y(s)$ の極,$Y(s) = 0$ となるような s の値をゼロ点という.すなわち極は,$p(s) = 0$ を満足する s の値である.ゼロ点は,$q(s) = 0$ を満足する s の値である.

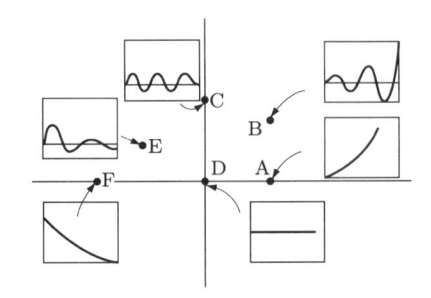

図 4.3 複素平面上の極の位置とその成分の形

て全体にどのような影響を及ぼすかについて検討する．いま，$s_i = \alpha_i + j\omega_i$ のとき，

（ⅰ）　$\omega_i = 0$ のとき，極は実根をとる．

$\alpha_i > 0$ のとき：単調に増加，増加の割合は α_i が大きいほど大（A）．

$\alpha_i = 0$ のとき：時間とともに変化しない（D）．

$\alpha_i < 0$ のとき：単調に減衰，その割合は $|\alpha_i|$ の大きいほど大（F）．

（ⅱ）　$\omega_i \neq 0$ のとき，振動し，その角周波数は ω_i に等しい．

$\alpha_i > 0$ のとき：発散振動　α_i が大きいほど振幅の増加は急激（B）．

$\alpha_i = 0$ のとき：持続振動　振幅一定（C）．

$\alpha_i < 0$ のとき：減衰振動　$|\alpha_i|$ が大きいほど振幅の減衰急（E）．

これらの極の性質により，$y(t)$ が複素平面でどのような応答をするかを示したものが図 4.3 である．

以上のことから，$y(t)$ が有限で確定な最終値 $y(\infty)$ を持つには，$Y(s)$ のすべての極 s_i の実数部が 0 または正であってはならない．ただし，$s_i = 0$ の単極は除外する．これを図 4.3 で表現すると，$Y(s)$ のすべての極は，原点上の単極を除いて複素平面上，虚軸を含む右半平面にあってはならないということができる．

4.2　入力信号と過渡応答

図 4.2 の $Y(s)$ の応答は，入力信号 $X(s)$ の関数形により異なる．過渡応答を考える上で一般的に与えられる入力信号としては，表 4.1 に示されるものが

表 4.1 代表的な入力信号波形と $G(s)$ に対する応答

	インパルス信号	ステップ信号	定速度(ランプ)信号	定加速度信号
入力信号	$t=0$	h, $t=0$	v, 1, $t=0$	$t=0$
$x(t)$	$x(t)=\delta(t)$	$x(t)=hu(t)$	$x(t)=vt$	$x(t)=\frac{1}{2}at^2$
$G(s)$ に対する応答	インパルス応答	ステップ応答 $h=1$ のときインディシャル応答	定速度応答 または ランプ応答	定加速度応答
$y(t)=\mathcal{L}^{-1}[G(s)X(s)]$	$y(t)=\mathcal{L}^{-1}[G(s)\cdot 1]$	$y(t)=\mathcal{L}^{-1}\left[G(s)\dfrac{h}{s}\right]$	$y(t)=\mathcal{L}^{-1}\left[G(s)\dfrac{v}{s^2}\right]$	$y(t)=\mathcal{L}^{-1}\left[G(s)\dfrac{a}{s^3}\right]$

ある.

表 4.1 に代表的な入力信号とともに,その信号が伝達関数 $G(s)$ に与えられたときの応答を示した.入力信号としての**インパルス関数**に対する応答が**インパルス応答**で,これをラプラス変換すると伝達関数になる.

4.3 ステップ応答

自動制御系においては,システムの特性を知るため単位ステップ応答を求めるのが普通で,ステップ応答でシステムの内容が明らかにならないとき,ランプ応答・定加度応答を求めることになる.インパルス応答は,理論上の応答であって,システムにインパルス関数を加えることは事実上ない.そこでここでは,ステップ応答について述べる.これは,実際の応答波形をみて特性を判断するのに便利でわかりやすい.

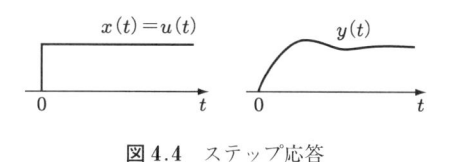

図 4.4 ステップ応答

ステップ応答は，図 4.4 に示すように**単位ステップ関数 $u(t)$** を入力信号として加えたときに得られる出力信号である．ラプラス変換形のステップ応答は，

$$Y(s) = G(s)X(s) = G(s)\frac{1}{s} \tag{4.6}$$

で表される．したがって，ステップ応答 $y(t)$ を求めるには式 (4.6) をラプラス逆変換し，

$$y(t) = \mathcal{L}^{-1}[Y(s)] = \mathcal{L}^{-1}\left[G(s)\frac{1}{s}\right] \tag{4.7}$$

で得られる．

表 4.2 に，代表的な伝達要素のステップ応答を示す．

表 4.2 単位ステップ入力信号に対する代表的なステップ応答

	伝達関数		ステップ応答	
比例要素	K_p			$K_p u(t)$
積分要素	$\dfrac{1}{sT_I}$			$\dfrac{t}{T_I} u(t)$
微分要素	sT_D			$T_D \delta(t)$
一次おくれ要素	$\dfrac{K}{1+sT}$			$K(1-e^{-t/T})u(t)$
二次おくれ要素	$\dfrac{K\omega_n^2}{s^2+2\zeta\omega_n s+\omega_n^2}$	$\zeta>1$		$y(t):$式(4.14)
		$0<\zeta<1$		$y(t):$式(4.16)
むだ時間要素	Ke^{-sL}			$Ku(t-L)$

【例題 4.1】 一次おくれ要素のステップ応答を求めよ．

【解】 一次おくれ要素 $K/(1+sT)$ のステップ応答は，

$$Y(s) = \frac{K}{s(1+sT)}$$

$$\therefore \quad y(t) = \mathcal{L}^{-1}[Y(s)] = K\mathcal{L}^{-1}\left[\frac{1}{s} - \frac{1}{s+1/T}\right]$$

$$\therefore \quad y(t) = K(1 - e^{-\frac{1}{T}t}) \tag{4.8}$$

これを図示すると，図 4.5 のようになる．

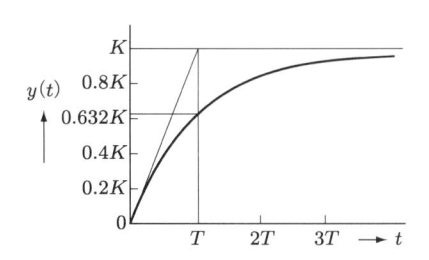

図 4.5 一次おくれ要素のステップ応答

K をゲイン定数，T を時定数という．時定数 T は，$K(1-e^{-1}) \simeq 0.632\,K$ で，最終値の 63.2% の値に達する時間である．これは，$t=0$ で $y(t)$ に接線を引き，最終値と交わるまでの時間に相当する．

T が大きくなると K に近づく時間が長くかかる．これを「応答が遅い」と表現し，その逆を「応答が速い」ということがある．

【例題 4.2】 図 4.2 で示されるシステムで，入力信号 $X(s)$ に単位ステップ関数を加えるときの出力信号 $Y(s)$ を求めよ．ただし，システムの伝達関数は，$G(s) = 2/(s^2+5s+6)$ とする．

なお，$Y(s)$ より得られるステップ応答 $y(t)$ を t で微分すると，インパルス応答が得られることをこのシステムを用いて確かめよ．

【解】
$$Y(s) = \frac{2}{s^2+5s+6}X(s) = \frac{2}{(s+3)(s+2)} \cdot \frac{1}{s}$$

$$= \frac{1}{3}\left(\frac{2}{s+3} + \frac{-3}{s+2} + \frac{1}{s}\right) \qquad ①$$

$$y(t) = \mathcal{L}^{-1}[Y(s)] = \frac{1}{3}(1 + 2e^{-3t} - 3e^{-2t}) : \text{ステップ応答} \quad ②$$

②を t で微分すると，$y'(t) = \dfrac{1}{3}(-6e^{-3t} + 6e^{-2t})$ ③

一方，$X(s) = 1$ とすると

$$Y(s) = \frac{2}{(s+3)(s+2)} = \frac{-2}{s+3} + \frac{2}{s+2} \qquad ④$$

$$\therefore \quad y(t) = 2(-e^{-3t} + e^{-2t}) : インパルス応答 = ③ \qquad ⑤$$

よってステップ応答を t で微分すると，インパルス応答が得られることがわかる．なお，式①の部分分数への変換については，付録3を参照．

4.4 二次おくれ要素の過渡応答

ここで，伝達関数が

$$G(s) = \frac{K\omega_n^2}{s^2 + 2\zeta\omega_n s + \omega_n^2} \qquad (4.9)$$

で表される二次おくれ要素のステップ応答を求めてみよう．

方程式 $s^2 + 2\zeta\omega_n s + \omega_n^2 = 0$ の根を s_1, s_2 とすると，式 (4.9) の分母を因数に分解して $s^2 + 2\zeta\omega_n s + \omega_n^2 = (s - s_1)(s - s_2)$ と置くと，判別式 $D = \zeta^2\omega_n^2 - \omega_n^2 = \omega_n^2(\zeta^2 - 1)$ より，ζ のとる値により s_1, s_2 は以下のようになる．

1) $\zeta > 1$ のとき（実根）

$$s_1 = -\zeta\omega_n + \omega_n\sqrt{\zeta^2 - 1}, \quad s_2 = -\zeta\omega_n - \omega_n\sqrt{\zeta^2 - 1} \qquad (4.10)$$

2) $\zeta = 1$ のとき（等根）

$$s_1 = s_2 = -\omega_n \qquad (4.11)$$

3) $0 < \zeta < 1$ のとき（複素根）

$$s_1 = -\zeta\omega_n + j\omega_n\sqrt{1 - \zeta^2}, \quad s_2 = -\zeta\omega_n - j\omega_n\sqrt{1 - \zeta^2} \qquad (4.12)$$

ステップ応答 $y(t)$ は，部分分数に分解して次のように求められる．

$$y(t) = \mathcal{L}^{-1}\left[G(s)\cdot\frac{1}{s}\right] = \mathcal{L}^{-1}\left[\frac{K\omega_n^2}{s(s^2+2\zeta\omega_n s+\omega_n^2)}\right] \quad (4.13)$$

具体的には部分分数に分解して解く．

① $\zeta > 1$ のとき

$$\begin{aligned}y(t) = K\Big[1 + \frac{1}{2\sqrt{\zeta^2-1}}\big[&(-\zeta-\sqrt{\zeta^2-1})\\ \times\exp(\omega_n(-\zeta+&\sqrt{\zeta^2-1}))t\\ -(-\zeta+\sqrt{\zeta^2-1})\exp(&\omega_n(-\zeta-\sqrt{\zeta^2-1}))t\big]\Big]\end{aligned}$$
$$(4.14)$$

② $\zeta = 1$ のとき

$$\begin{aligned}y(t) &= K\mathcal{L}^{-1}\left[\frac{\omega_n^2}{s(s+\omega_n)^2}\right]\\ &= K[1 - e^{-\omega_n t} - \omega_n t\cdot e^{-\omega_n t}] = K[1 - e^{-\omega_n t}(\omega_n t + 1)]\end{aligned}$$
$$(4.15)$$

③ $0 < \zeta < 1$ のとき

$$\begin{aligned}y(t) = K\Big[1 - \frac{1}{\sqrt{1-\zeta^2}}\exp(-\omega_n\zeta t)\sin\Big(&\sqrt{1-\zeta^2}\,\omega_n t\\ +\tan^{-1}\frac{\sqrt{1-\zeta^2}}{\zeta}\Big)\Big]&\end{aligned}$$
$$(4.16)$$

式 (4.14), (4.15), (4.16) を図示すると，図 4.6 が得られる．図が示すように，$0 < \zeta < 1$ のとき**振動的**で，$\zeta \geqq 1$ のとき**非振動的**である．特に，$\zeta = 1$ のとき**臨界制動**という．応答の形は ζ によって決まり，ω_n の値には無関係である．

しかし，上記の 3 式とも $\omega_n t$ という形で ω_n と t とが関係しているので，ω_n の値が大きければ，ステップ応答は現象が速くなる．とくに，$0 < \zeta < 1$ の二次

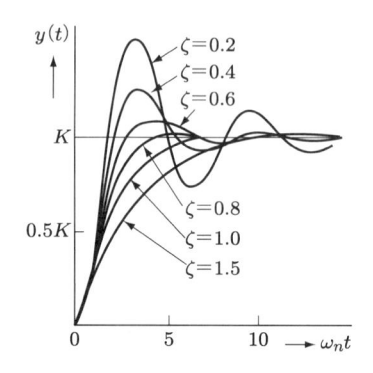

図 4.6 二次おくれ要素のステップ応答

おくれ要素を**二次振動要素**ということがある．

なお，系を表現する伝達関数の分母が三次以上の場合（高次おくれ系という），その取り扱いは繁雑であり，結果は二次おくれ系の場合に近似している．したがって，高次おくれ系の場合，二次おくれ系に近似して取扱うのが一般的である．

練習問題 4

1. 積分要素 $G(s) = 1/sT$ の単位インパルス応答，単位ステップ応答，単位ランプ応答を求めよ．
2. 一次おくれ要素 $G(s) = K/(1+sT)$ の単位インパルス応答，単位ランプ応答を求めよ．
3. 次の伝達関数を持つ要素の単位インパルス応答を求めよ．

   (1) $\dfrac{3}{s+2}$　(2) $\dfrac{1}{s-1}$　(3) $\dfrac{4}{(s+2)(s+4)}$　(4) $\dfrac{7}{s^2+4s+5}$

4. 上記3.で与えられた伝達関数をもつ要素の単位ステップ応答を求めよ．その結果を t で微分すると，3の結果となることを確かめよ．
5. 単位インパルス信号を入力として与えるとき，出力信号 $g(t)$ が次式で与えられる制御系の伝達関数 $G(s)$ を求めよ．

$$g(t) = 2(e^{-t} - e^{-3t})$$

6. 単位ステップ信号を入力として与えるとき，出力信号 $y(t)$ が次式で与えられる

制御系の伝達関数 $Y(s)$ を求めよ.

$$y(t) = \frac{4}{3} - 2e^{-t} + \frac{2}{3}e^{-3t}$$

7. 問図 4.1 に示す, ばね-ダッシュポット系について, 単位ステップ応答を求めよ.

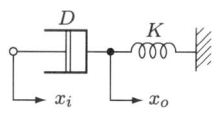

問図 4.1

8. 問図 4.2 に示す電気回路について, 単位ステップ応答を求めよ.

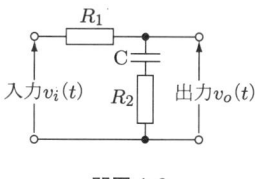

問図 4.2

9. 問図 4.3 に示す, ばね-質量系において, 質量 M の物体に加わる外力 $f(t)$ を入力, M の変位 $x(t)$ を出力とする伝達関数を求めよ. また, $t=0$ において, 入力 $f(t)$ として単位インパルス応答を求めよ. ただし, K はばね定数である.

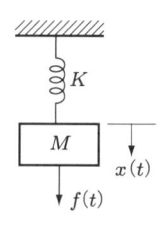

問図 4.3

第5章
周波数応答法

過渡応答法は直観的でわかりやすいが，高次特性方程式の場合，取り扱いはきわめてやっかいである．その一つの解決法として周波数領域で取り扱う「周波数応答法」がある．取り扱いは便利で，きわめて広く利用されている．本章では，ベクトル軌跡およびボード線図について学ぶ．

線形システムの入力信号に正弦波を加えた場合の，出力信号の定常応答を周波数応答という．

第4章で取り扱った過渡応答法は，時間領域における取り扱いのため，直接的・直観的で，考え方はきわめて簡単である．しかし，その実際的手法はかなり面倒で，代数方程式ないしは微分方程式を解くことに困難を伴う．また，系の特性を改善する目的で，系のある部分の定数を修正しようとするとき，各部分の修正を必要とするなど取り扱いが不便である．

これに対して，周波数応答法は，微分方程式を直接解かないで解析や設計を行うよう工夫されており，周波数領域において取り扱われるので，直観的に理解しにくい面はあるが，時間領域の取り扱いと比べ比較にならない便利さをもつ．

5.1 周波数応答とは

図5.1に示すように，入力信号 $x_i(t)$ として

$$x_i(t) = X_i \sin \omega t \tag{5.1}$$

で与えられる正弦波入力を線形要素に印加し，十分時間が経過したあとの定常状態での出力信号 $x_o(t)$ を考える．このとき，$x_o(t)$ は次式のように同一角周波数 ω で，振幅と位相が異なる正弦波となる．

5.1 周波数応答とは **53**

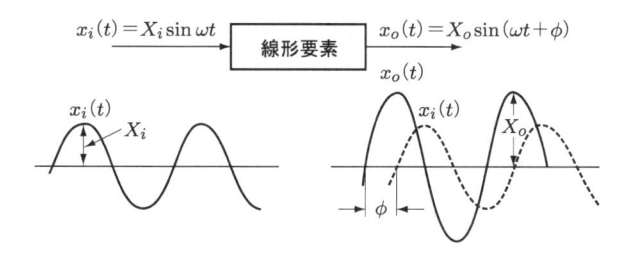

図 5.1 正弦波入力に対する出力波形

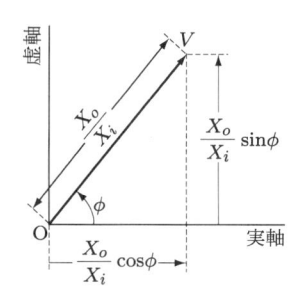

図 5.2 ベクトル V

$$x_o(t) = X_o \sin(\omega t + \phi) \quad (5.2)$$

ここで，入出力信号間の関係すなわち周波数応答は，振幅比 X_o/X_i，および位相差 ϕ を用いて表され，これらは線形要素の回路構成と入力信号の角周波数 ω とによって決定される．制御工学では，振幅比を**ゲイン**，位相差を**位相**という．振幅比および位相差を図 5.2 に示すように，実軸を基準にとって表現すると，大きさ X_o/X_i，角度 ϕ を持つベクトル V で複素平面上に表現できる．

このとき，ベクトル V は次式で表現され，このベクトルが**周波数応答**を表現することになる．

$$V = \frac{X_o}{X_i} \cos\phi + j\frac{X_o}{X_i}\sin\phi = \frac{X_o}{X_i} e^{j\phi} = A e^{j\phi} \quad (5.3)$$

これまで述べてきた伝達関数 $G(s)$ の変数 s を，$j\omega$ に置換した関数 $G(j\omega)$ を**周波数伝達関数**と呼び，入力と出力の間の振幅と位相の関係を与える．すな

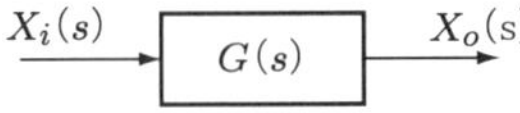

$$\xrightarrow{X_i(s)} \boxed{G(s)} \xrightarrow{X_o(s)}$$

図 5.3 伝達要素

わち，周波数伝達関数 $G(j\omega)$ の絶対値 $|G(j\omega)|$ は**周波数応答の大きさ**で，また，偏角 $\angle G(j\omega)$ は**位相**に等しい．図 5.1 の線形要素が $G(j\omega)$ のとき，以下の関係が成立する．

$$大きさ：\frac{X_o}{X_i} = |G(j\omega)| \tag{5.4}$$

$$位\ \ 相：\phi = \angle G(j\omega) \tag{5.5}$$

式 (5.4) および式 (5.5) を導出するために，図 5.3 の伝達要素を考える．$x_i(t)$，$x_o(t)$ のラプラス変換 $X_i(s)$，$X_o(s)$ について次式が成立する．

$$X_i(s) = \mathscr{L}[x_i(t)] = \mathscr{L}[X_i \sin \omega t] = \frac{X_i \omega}{s^2 + \omega^2} \tag{5.6}$$

$$X_o(s) = G(s) X_i(s) = G(s) \frac{X_i \omega}{s^2 + \omega^2} \tag{5.7}$$

いま，$G(s)$ の極を $p_i (i=1, 2, \cdots, n)$ とし，n 個の極すべてが複素平面の左半平面に存在し，全部相異なると仮定する．このとき，出力 $x_o(t)$ は次式となる．

$$x_o(t) = \mathscr{L}^{-1}[G(s) X_i(s)] = \mathscr{L}^{-1}\left[\frac{A(s)}{\prod_{i=1}^{n}(s-p_i)} \frac{X_i \omega}{s^2 + \omega^2}\right] \tag{5.8}$$

$$= \mathscr{L}^{-1}\left[\sum_{i=1}^{n} \frac{K_i}{s-p_i} + \frac{K_1'}{s-j\omega} + \frac{K_2'}{s+j\omega}\right] \tag{5.9}$$

ここで，

$$\begin{aligned} K_1' &= \left[\frac{G(s) X_i \omega}{s+j\omega}\right]_{s=j\omega} = \frac{G(j\omega) X_i \omega}{2j\omega}, \\ K_2' &= \left[\frac{G(s) X_i \omega}{s-j\omega}\right]_{s=-j\omega} = \frac{G(-j\omega) X_i \omega}{-2j\omega} \end{aligned} \tag{5.10}$$

さらに，$G(j\omega) = |G(j\omega)|e^{j\phi}$, $G(-j\omega) = |G(j\omega)|e^{-j\phi}$ とおけるので $x_o(t)$ は次式となる．

$$x_o(t) = \sum_{i=1}^{n} K_i e^{p_i t} + |G(j\omega)| X_i \sin(\omega t + \phi) \qquad (5.11)$$

したがって，$t \to \infty$ の定常状態において出力 $x_o(t)$ は，

$$x_o(t) = |G(j\omega)| X_i \sin(\omega t + \phi) \qquad (5.12)$$

となる．すなわち，定常状態においては，出力も入力と同じ周波数 ω をもつ正弦波で，その振幅は，入力の振幅の $|G(j\omega)|$ 倍となり，位相は，入力の位相に比べ ϕ だけ進む．いろいろな ω に対する $G(j\omega)$，すなわち $|G(j\omega)|$ と ϕ の変化を**周波数応答**という．

【例題 5.1】 システムの伝達関数が不明の場合，周波数応答を実験的に求めることができる．その方法を考えよ．

【解】 周波数応答を求めようとするシステムに正弦波入力信号 $r(t) = A_i \sin \omega_0 t$ を印加し，そのときの定常応答 $C(t)$ が次式であったとする．

$$C(t) = A_0 \sin(\omega_0 t + \phi_0)$$

このとき，$r(t)$，$C(t)$ の複素数表示の比をとれば，周波数応答 $G(j\omega_0)$ が得られる．

$$G(j\omega_0) = \frac{A_0 e^{j(\omega_0 t + \phi_0)}}{A_i e^{j\omega_0 t}} = \frac{A_0}{A_i} e^{j\phi_0} \qquad ①$$

この ω_0 を一般に ω として 0 から ∞ まで変化して，式①のベクトルを求めればよい．その際，A_0/A_i，ϕ_0 は一般に ω とともに変化するので，$G(j\omega)$ は式②となる．

$$G(j\omega) = \frac{A_0}{A_i}(\omega) e^{j\phi_0(\omega)} \qquad ②$$

なお，実測するとき定常応答を必要とするので，その点注意を要する．

周波数応答 $G(j\omega)$ において ω を 0 から ∞ まで変化させたとき，これに対応

した $G(j\omega)$ の変化の様子を表現する方法として，ベクトル軌跡，およびボード線図がよく用いられている．さらに，閉回路の周波数応答に対しては，フィードバック結合の場合，ニコルス線図の利用が便利である（7.3.5項参照）．

5.2 ベクトル軌跡（ナイキスト軌跡）

5.1節で述べたように，複素平面上において周波数応答 $G(j\omega)$ はベクトルとして表すことができた．そこで ω の値を変化させると，これに対応してベクトル $G(j\omega)$ の先端は図5.4のような軌跡を描く．これを**ベクトル軌跡**または**ナイキスト軌跡**という．

ベクトル軌跡は $\omega = 0$ の点から出発し，$\omega \to \infty$ で終わり，軌跡の進む方向に矢印をつける．厳密には $-\infty \sim 0 \sim +\infty$ と変化させるが，$-\infty \sim 0$ と $0 \sim +\infty$ とは実軸に対して対称であるので，一般には $0 \sim +\infty$ の軌跡を描く．

以下，代表的な制御要素について，ベクトル軌跡を求める．

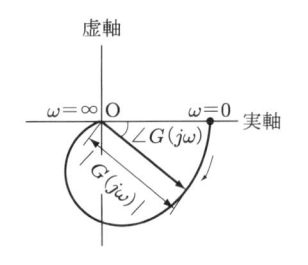

図5.4 複素平面上のベクトル軌跡

5.2.1 積分要素

伝達関数 $G(s) = K/s$ において，$s = j\omega$ と置くと周波数応答 $G(j\omega)$ は次式で与えられる．

$$G(j\omega) = \frac{K}{j\omega} = -j\frac{K}{\omega} \tag{5.13}$$

上式から，$G(j\omega)$ は常に $-90°$ の位相角を持ち，大きさは ω に反比例することがわかる．ベクトル軌跡は図5.5(a) のようになる．

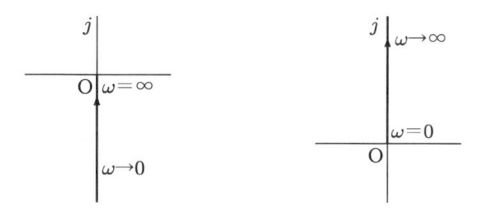

(a) 積分要素のベクトル軌跡　(b) 微分要素のベクトル軌跡

図 5.5　ベクトル軌跡

5.2.2 微分要素

周波数応答は，次のように表すことができる．

$$G(j\omega) = Kj\omega \tag{5.14}$$

この位相角は $+90°$，大きさは ω に比例する．ベクトル軌跡は図 5.5(b) のようになる．

5.2.3 一次おくれ要素

伝達関数 $G(s) = K/(1 + sT)$ において，$s = j\omega$ と置いて周波数応答 $G(j\omega)$ を次式のように求める．

$$\begin{aligned} G(j\omega) &= \frac{K}{1 + j\omega T} = \frac{K}{1 + (\omega T)^2}(1 - j\omega T) \\ &= \frac{K}{\sqrt{1 + (\omega T)^2}} \angle - \tan^{-1} \omega T \end{aligned} \tag{5.15}$$

したがって，大きさと位相は次のようになる．

$$\text{大きさ}: |G(j\omega)| = \frac{K}{\sqrt{1 + (\omega T)^2}} \tag{5.16}$$

$$\text{位　相}: \angle G(j\omega) = -\tan^{-1} \omega T \tag{5.17}$$

ベクトル軌跡の始点は実軸上の点 $K + j0$ で，ω を 0 から ∞ まで変化させたときのベクトル軌跡は，半径 $K/2$，中心位置 $K/2 + j0$ とする円に沿って時計方向に進む半円で，図 5.6 で表される．$\omega \to \infty$ で原点に達し，このとき位相角

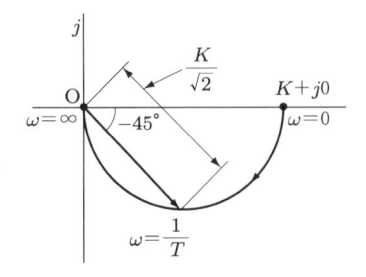

図 5.6 一次おくれ要素のベクトル軌跡

は $-90°$ となる．したがって，ベクトル軌跡は常に第四象限内にある．

5.2.4 二次おくれ要素

伝達関数が，次式で与えられる二次おくれ要素のベクトル軌跡を求める．

$$G(s) = \frac{K\omega_n^2}{s^2 + 2\zeta\omega_n s + \omega_n^2} \qquad (5.18)$$

$s = j\omega$ と置くと，

$$\begin{aligned}
G(j\omega) &= \frac{K\omega_n^2}{-\omega^2 + \omega_n^2 + j2\zeta\omega_n\omega} \\
&= \frac{K\omega_n^2}{(\omega_n^2 - \omega^2)^2 + (2\zeta\omega_n\omega)^2}\{(\omega_n^2 - \omega^2) - j2\zeta\omega_n\omega\} \\
&= \frac{K\omega_n^2}{\sqrt{(\omega_n^2 - \omega^2)^2 + (2\zeta\omega_n\omega)^2}} \angle \tan^{-1}\frac{-2\zeta\omega_n\omega}{\omega_n^2 - \omega^2}
\end{aligned}$$
$$(5.19)$$

大きさと位相は，次のようになる．

$$\text{大きさ}: |G(j\omega)| = \frac{K\omega_n^2}{\sqrt{(\omega_n^2 - \omega^2)^2 + (2\zeta\omega_n\omega)^2}} \qquad (5.20)$$

$$\text{位 相}: \angle G(j\omega) = -\tan^{-1}\frac{2\zeta\omega_n\omega}{\omega_n^2 - \omega^2} \qquad (5.21)$$

$\omega = 0$ のときは $G(j\omega) = K + j0$ で，$\omega = \infty$ のときは $G(j\omega) = 0$ となる．ベクトル軌跡を図 5.7 に示す．なお，$\omega \to \infty$ で位相は $-180°$ となるので，ベクトル軌跡は第三象限には入るが，第二象限に入ることはない．

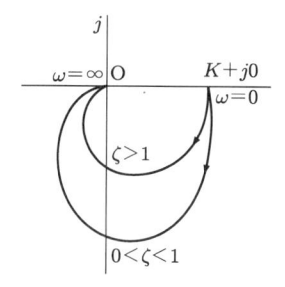

図 5.7 二次おくれ要素の
ベクトル軌跡

5.2.5 むだ時間要素

伝達関数が，$G(s) = e^{-sL}$ で与えられるむだ時間要素の周波数応答は，

$$G(j\omega) = e^{-j\omega L} = \cos \omega L - j \sin \omega L$$
$$= \sqrt{\cos^2 \omega L + \sin^2 \omega L} \angle -\tan^{-1} \frac{\sin \omega L}{\cos \omega L} \qquad (5.22)$$

したがって，大きさと位相は次のようになる．

$$\text{大きさ}: |G(j\omega)| = \sqrt{\cos^2 \omega L + \sin^2 \omega L} = 1 \qquad (5.23)$$

$$\text{位 相}: \angle G(j\omega) = \tan^{-1}\left(\frac{-\sin \omega L}{\cos \omega L}\right) = -\omega L \qquad (5.24)$$

ベクトル軌跡は，図 5.8 のようになる．

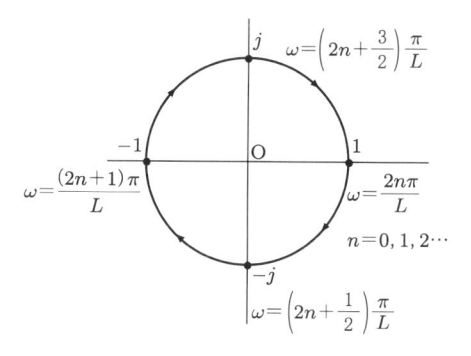

図 5.8 むだ時間要素のベクトル軌跡

5.2.6 その他の要素

これまでに述べた以外の要素についても，同じ要領でベクトル軌跡を求めることができる．種々の要素のベクトル軌跡の例を図5.9に示す．図からわかるように，分子に $j\omega$ の項がなく，分母が $j\omega$ の一次式のときは，$\omega \to \infty$ でベクトル軌跡は $-90°$ の方向から原点に近づく．

また，分母が $j\omega$ の二次式の場合は，$-180°$ の方向から原点に近づく．同様に，分母が $j\omega$ の三次式ならば軌跡は $\omega \to \infty$ とともに $+90°$ から原点に近づくことがわかる．

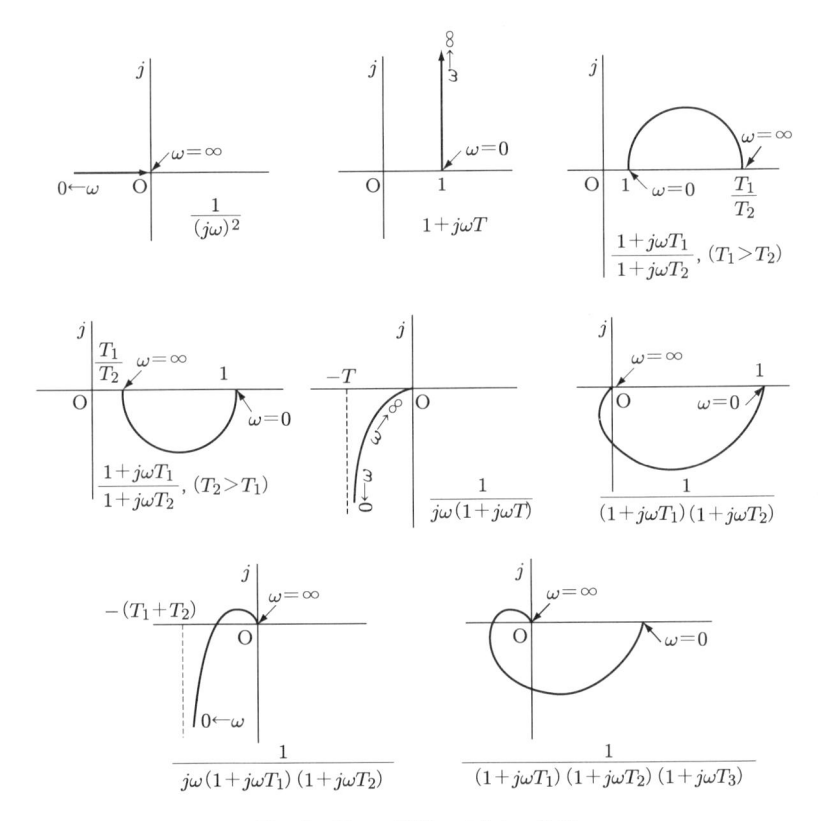

図5.9 種々の要素のベクトル軌跡

【例題 5.2】 伝達関数 $G(s)$ が，次式で与えられる要素のベクトル軌跡を描け．

$$G(s) = \frac{4}{(1+3s)(1+5s)}$$

【解】 周波数応答 $G(j\omega)$ の大きさ $|G(j\omega)|$ と位相 $\angle G(j\omega)$ を求める．

$$|G(j\omega)| = 4/\sqrt{1+(3\omega)^2} \cdot \sqrt{1+(5\omega)^2} \quad \text{①}$$

$$\angle G(j\omega) = -\tan^{-1}(3\omega) - \tan^{-1}(5\omega) \quad \text{②}$$

式①，②を用い，ω 値を代入して計算すると表 5.1 の極座標表示となり，この値を円形グラフにプロットすれば図 5.10 のようなベクトル軌跡が得られる．

あるいは，式①，②を用いて直交座標表示をしてベクトル軌跡を得てもよい．この際，直交座標表示 Re + jIm は次のように与えられる．

$$\text{Re} + j\text{Im} = |G(j\omega)|\cos(\angle G(j\omega)) + j|G(j\omega)|\sin(\angle G(j\omega)) \quad \text{③}$$

表 5.1 計算結果

ω	極座標表示	直交座標表示
0	$4.00 \angle 0°$	$4.00 + j0$
0.01	$3.99 \angle -4.6°$	$3.98 - j0.32$
0.05	$3.84 \angle -22.6°$	$3.54 - j1.47$
0.1	$3.43 \angle -43.3°$	$2.50 - j2.35$
0.2	$2.43 \angle -75.9°$	$0.59 - j2.35$
0.3	$1.65 \angle -98.3$	$-0.24 - j1.63$
0.5	$0.82 \angle -124.5$	$-0.47 - j0.68$
1.0	$0.25 \angle -150.2$	$-0.22 - j0.12$

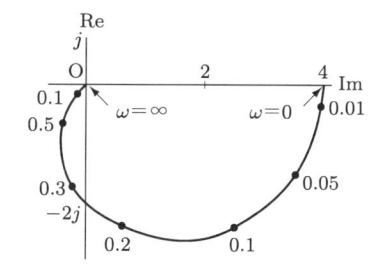

図 5.10 $G(j\omega) = 4/(1+3j\omega)(1+5j\omega)$ のベクトル軌跡

計算結果は表 5.1 に示す．

なお，ベクトル軌跡は次に述べるボード線図を利用しても描くことができる．このとき，ゲインはデシベル値を真値に換算する必要がある．

5.3 ボード線図

前節でのベクトル軌跡は，複素平面上に描いた $G(j\omega)$ の先端を結ぶことにより $G(j\omega)$ と ω の関係を一本の曲線で表現した．これに対し**ボード線図**は，$|G(j\omega)|$ と $\angle G(j\omega)$ とを別々に ω の対数値を横軸とする平面に描く表現方法である．

すなわち，周波数応答を $G(j\omega)$ とすると，大きさ $|G(j\omega)|$ に関しては，その常用対数をとって 20 倍した値を g とすると，g を一般に**ゲイン**(注)と呼び，単位は [**dB**]（**デシベル**）で示される．

$$g = 20 \log_{10} |G(j\omega)| \quad [\text{dB}] \tag{5.25}$$

この g に関する曲線を，ボード線図の**ゲイン特性曲線**と呼ぶ．位相 $\phi = \angle G(j\omega)$ に関する曲線をボード線図の**位相特性曲線**といい，単位は [度] を用いる．ゲイン特性曲線，位相特性曲線とも，横軸は $\log_{10} \omega$ をとる．ω の単位は [rad/s] である．

以下に基本的な制御要素につき，そのボード線図を示す．

5.3.1 比例要素

周波数応答は $G(j\omega) = K$ であるので，ゲインと位相は次のようになる．

$$\begin{aligned} &\text{ゲイン}: g = 20 \log_{10} K \quad [\text{dB}] \\ &\text{位　相}: \phi = 0° \end{aligned} \tag{5.26}$$

したがって，比例要素のボード線図は図 5.11 に示すようにゲイン特性曲線は一定，位相特性曲線は 0° になる．

(注) 制御工学では入出力信号の振幅比をゲインというと述べたが，本書では「大きさ」と表現してきた．デシベル単位で表現するものをゲインということにして区別している．

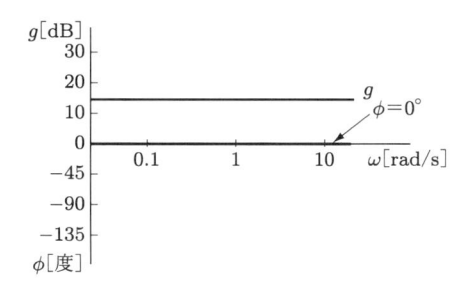

図 5.11 比例要素のボード線図

5.3.2 積分要素

周波数応答は $G(j\omega) = 1/j\omega$ であるので，ゲインおよび位相は次のようになる．

$$\text{ゲイン}: g = 20\log_{10}\left|\frac{1}{j\omega}\right| = -20\log_{10}\omega \quad [\text{dB}]$$

$$\text{位　相}: \phi = -90° \tag{5.27}$$

ゆえに，ボード線図は図 5.12 となる．

図中，$-20[\text{dB/dec}]$ は ω が 10 倍になるとき，ゲインが $20[\text{dB}]$ 減少することを意味し，[dec] **デカード**（**decade**）は 10 の意味で，周波数が 10 倍すなわち 1 デカード増加するとゲインは $20[\text{dB}]$ 減少する．

（a）ゲイン特性曲線　　（b）位相特性曲線

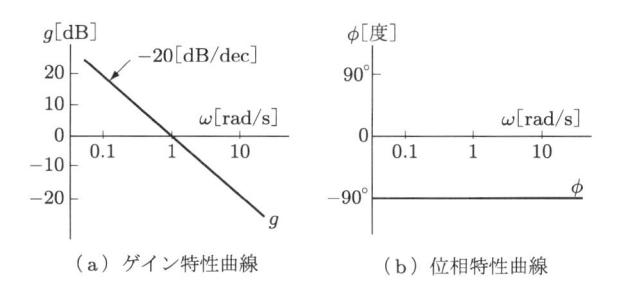

図 5.12 積分要素のボード線図

5.3.3 微分要素

周波数応答は $G(j\omega) = j\omega$ であるから，

ゲイン：$g = 20\log_{10}|j\omega| = 20\log_{10}\omega$ ［dB］
位　相：$\phi = +90°$ (5.28)

この関係を図示すると，図 5.13 が得られる．同図から明らかなようにゲイン特性曲線は，ω が 10 倍増加すると 20［dB］変化する正の一定傾斜の直線である．この傾斜は，20［dB/dec］となる．

積分要素のボード線図と，微分要素のボード線図とは横軸に対して対称となる．一般に，周波数応答が互いに逆関係にある二つの要素のボード線図は，横軸に対して対称となる．

（a）ゲイン特性曲線　　　（b）位相特性曲線

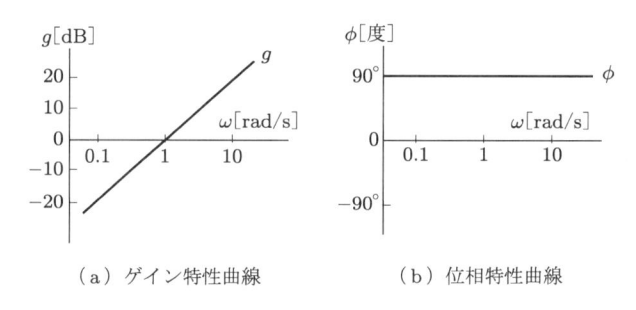

図 5.13　微分要素のボード線図

5.3.4 一次おくれ要素

一次おくれ要素の伝達関数 $G(s) = K/(1+sT)$ において，特に $K = 1$ としたときのボード線図について考える．

周波数応答は，

$$G(j\omega) = \frac{1}{1+j\omega T} = \frac{1}{1+(\omega T)^2}(1-j\omega T)$$
$$= \frac{1}{\sqrt{1+(\omega T)^2}} \angle -\tan^{-1}\omega T$$

であるから，

5.3 ボード線図 **65**

ゲイン：$g = 20 \log_{10} \dfrac{1}{\sqrt{1+(\omega T)^2}} = 20 \log_{10} 1 - 20 \log_{10} \sqrt{1+(\omega T)^2}$

$$= -20 \log_{10} \sqrt{1+(\omega T)^2} \quad [\text{dB}] \tag{5.29}$$

位　相：$\phi = -\tan^{-1} \omega T \tag{5.30}$

ここで，$\omega T \ll 1$ のとき，

$$g \simeq -20 \log_{10} \sqrt{1} = 0 \quad [\text{dB}] \tag{5.31}$$

$\omega T \gg 1$ のとき，

$$g \simeq -20 \log_{10} \sqrt{(\omega T)^2} = -20 \log_{10} \omega T \quad [\text{dB}] \tag{5.32}$$

となる．

　すなわち，ゲイン特性曲線が図 5.14(a) の破線として得られる．さらに，近似的に $\omega T \ll 1$ の区間は 0[dB] の水平線に，$\omega T \gg 1$ の区間は -20[dB/dec] の傾斜を持つ直線に近似する 2 本の直線が得られ，その交点は $\omega = \omega_c = 1/T$ である．これを図 5.14(a) 中に実線で示す．ゲイン特性曲線を，このような**折線**で**近似**したとき，誤差の最大値は $\omega = \omega_c = 1/T$ のとき 3.01[dB] である．このときの角周波数 ω_c を**折点角周波数**という．

　一方，位相特性曲線は式 (5.30) で与えられ図 5.14(b) における破線の曲線が得られる．この折線は，ω が $1/5T (= 0.2/T = 0.2\omega_c)$ 以下で 0°，ω が $5/T$ 以上の区間で $-90°$，$1/5T < \omega < 5/T (= 0.2\omega_c < \omega < 5\omega_c)$ の区間は，0° と $-90°$ を直線で結ぶことによって描かれる．この折線は，$\omega = 1/T$ のとき位

（a）ゲイン特性曲線　　　　　　　　（b）位相特性曲線

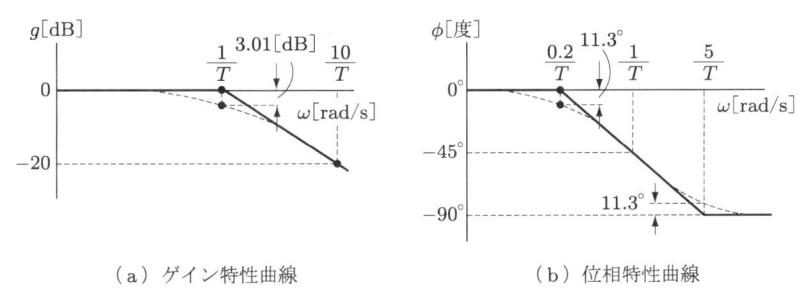

図 5.14　一次おくれ要素のボード線図

相角 $\phi = -45°$ の点で位相特性曲線と交わる．位相特性曲線を折線で近似したとき，最大誤差は $\omega = 0.2/T$ および $\omega = 5/T$ においていずれも $11.3°$ である．

なお，$G(s) = 1 + sT$ のボード線図と図 5.14 のボード線図とは，0[dB]，$0°$ に関して対称となる．

【例題 5.3】 伝達関数 $G(s)$ が次式で与えられる要素について，ボード線図を折線近似により描け．

$$G(s) = \frac{100}{(1 + 10s)}$$

【解】 周波数応答 $G(j\omega) = 100/(1 + 10j\omega)$ でゲイン特性曲線の折点角周波数 ω_c は，$T = 10[\text{s}]$ であるから，

$$\omega_c = \frac{1}{T} = 0.1 \quad [\text{rad/s}]$$

ゲイン $K = 100$，ゆえに $g = 20\log_{10} 100 = 40 \quad [\text{dB}]$
また，位相特性曲線の二つの折点角周波数は，

$$\frac{0.2}{T} = 0.2\omega_c = 0.02[\text{rad/s}], \quad \text{ここまで } 0°$$

$$\frac{5}{T} = 5\omega_c = 0.5[\text{rad/s}], \quad \text{ここから } -90°$$

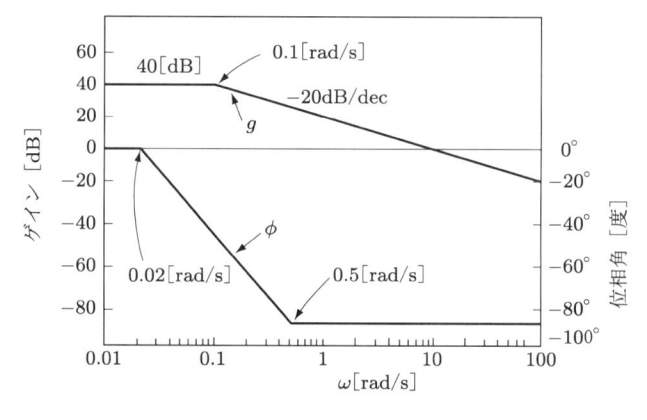

図 5.15 折線近似ボード線図

$\omega_c = 0.1$ で $-45°$

この結果，図 5.15 の折線近似ボード線図が得られる．

5.3.5 二次おくれ要素

伝達関数が，次式で与えられる二次おくれ要素について考える．

$$G(s) = \frac{K\omega_n^2}{s^2 + 2\zeta\omega_n s + \omega_n^2} = \frac{K}{\left(\frac{s}{\omega_n}\right)^2 + 2\zeta\frac{s}{\omega_n} + 1} \quad (5.33)$$

特に $K = 1$ の場合を考えると，周波数応答 $G(j\omega)$ は，

$$G(j\omega) = \frac{1}{\left(\frac{j\omega}{\omega_n}\right)^2 + 2\zeta\frac{j\omega}{\omega_n} + 1} = \frac{1}{\left\{1 - \left(\frac{\omega}{\omega_n}\right)^2\right\} + j2\zeta\frac{\omega}{\omega_n}} \quad (5.34)$$

と表すことができる．したがって，ゲインと位相は次のようになる．

$$\text{ゲイン：} g = -20 \log \sqrt{\left\{1 - \left(\frac{\omega}{\omega_n}\right)^2\right\}^2 + \left(2\zeta\frac{\omega}{\omega_n}\right)^2} \quad [\text{dB}] \quad (5.35)$$

$$\text{位　相：} \phi = -\tan^{-1} \frac{2\zeta\left(\frac{\omega}{\omega_n}\right)}{1 - \left(\frac{\omega}{\omega_n}\right)^2} \quad (5.36)$$

$\omega/\omega_n \ll 1$ のとき，$g = -20 \log_{10} 1 = 0 [\text{dB}]$，低周波域で $0 [\text{dB}]$ に漸近する．

$\omega/\omega_n \gg 1$ のとき，$g = -40 \log_{10} (\omega/\omega_n) [\text{dB}]$，高周波域で $-40 [\text{dB}]$ の直線に漸近する．

図 5.16(a)，(b) は横軸を ω/ω_n にとったときの，種々の ζ に対するボード線図である．

$\omega = \omega_n$ は折点角周波数と考えられるが，ω_n 近くではゲインは漸近線とは著しくずれ，ζ の値によって異なった曲線群となる．また，位相は ω の増加とともに $0°$ から $-180°$ まで変化し，$\omega = \omega_n$ において $-90°$ である．

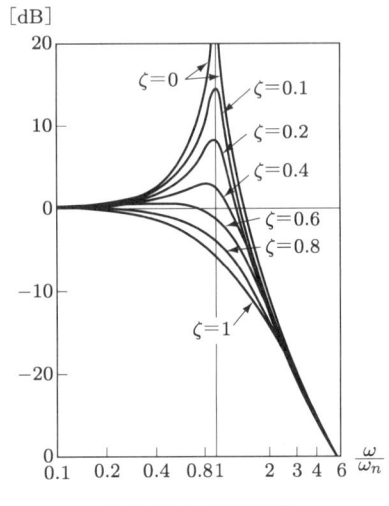

(a) ゲイン特性曲線

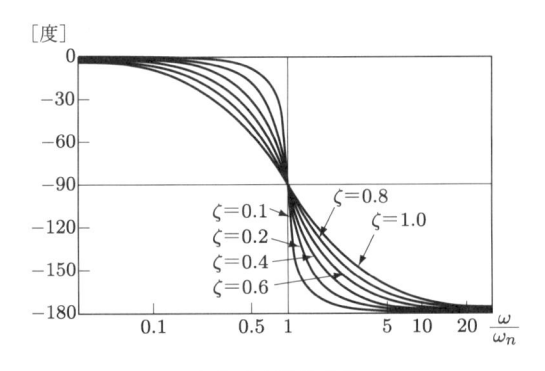

(b) 位相特性曲線

図 5.16 二次おくれ要素のボード線図

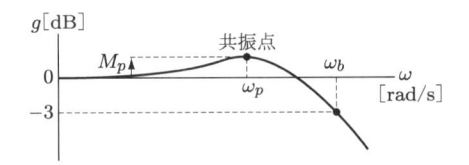

図 5.17 $0 < \zeta < 1/\sqrt{2}$ のときのゲイン特性曲線

このゲイン特性曲線は，$0 < \zeta < 1/\sqrt{2}$ のとき，図 5.17 のように極値を生じる．極値を示す点を共振点といい，このときの値を**共振値 M_p**，また，そのときの角周波数を**共振角周波数 ω_p** という．さらに，ゲイン特性が $-3[\mathrm{dB}]$（値で $1/\sqrt{2}$ 低下する）になるときの角周波数を**遮断角周波数**（帯域幅）**ω_b** という．

【例題 5.4】 図 5.18(a)，(b) に示す折線近似ゲイン特性曲線より，この系がもつ伝達関数を決定せよ．

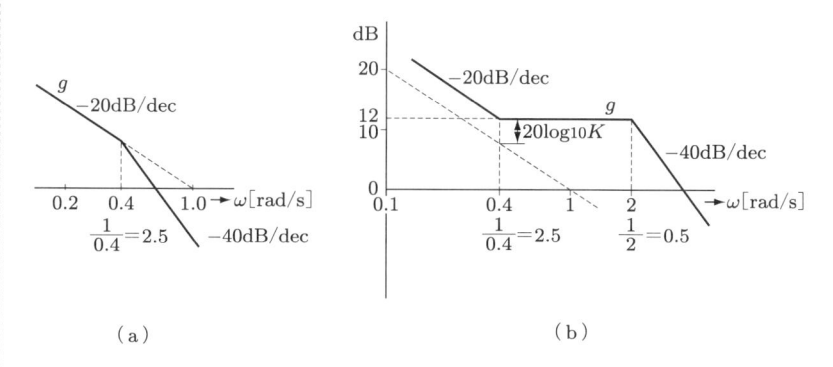

図 5.18 折線近似ゲイン特性曲線

【解】（a） $\omega = 1.0$ を通る $-20\,\mathrm{dB/dec}$ の直線は $1/j\omega$ を表現する．折点周波数 $\omega_c \geq 0.4$ で $-40\,\mathrm{dB/dec}$ になるので，ゲイン特性曲線の周波数伝達関数は次のように与えられる．

$$g = \frac{1}{j\omega\left(1 + \frac{1}{0.4}j\omega\right)} = \frac{1}{j\omega(1 + 2.5j\omega)} \quad \text{①}$$

(b) $\omega_c = 0.4$ におけるゲインは $12\,\mathrm{dB}$ で，それまで $-20\,\mathrm{dB/dec}$ の直線なので，積分要素と同じと考えると，次式が成り立つ．

$$20 \log_{10} \left|\frac{K}{0.4}\right| = 12 \quad \text{②}$$

$$\therefore \log_{10} \frac{K}{0.4} = \frac{12}{20} = 0.6 \log_{10} 10 \quad \text{③}$$

$$K = 0.4 \times 10^{0.6} \simeq 1.59 \quad \text{④}$$

したがって，$\omega_c = 0.4$ までは $1.59/j\omega$，$0.4 \leq \omega_c \leq 2$ において $12\,\mathrm{dB}$ 一定である

ので，この間 20 dB が加算される．さらに $\omega_c \geq 2$ で -40 dB/dec 加算される．その結果，ゲイン特性曲線の周波数伝達関数は，次のように与えられる．

$$g = \frac{1.59\left(1+\dfrac{1}{0.4}j\omega\right)}{j\omega\left(1+\dfrac{1}{2}j\omega\right)^2} = \frac{1.59(1+2.5j\omega)}{j\omega(1+0.5j\omega)^2} \qquad ⑤$$

式④の K の値は，$\omega = 1$ rad/s を通る -20 dB/dec の直線より，高いゲインを示している．すなわち，$1.59/j\omega$ は $1/j\omega$ より $20\log_{10}K$ [dB] 高いゲインの位置にあることを示している．

5.3.6 むだ時間要素

伝達関数は，$G(s) = e^{-sL}$ で与えられるので，周波数応答は次式となる．

$$G(j\omega) = e^{-j\omega L} \qquad (5.37)$$

したがって，

ゲイン：$g = 0$ [dB]

位　相：$\phi = -\omega L \times 180/\pi$ [度] $\qquad (5.38)$

$L = 1$ のときのむだ時間要素のボード線図は図 5.19 のようになり，位相は ω 当り $180°/\pi = 57.32°$ 遅れ，ω が高くなるにつれて限りなく遅れる．

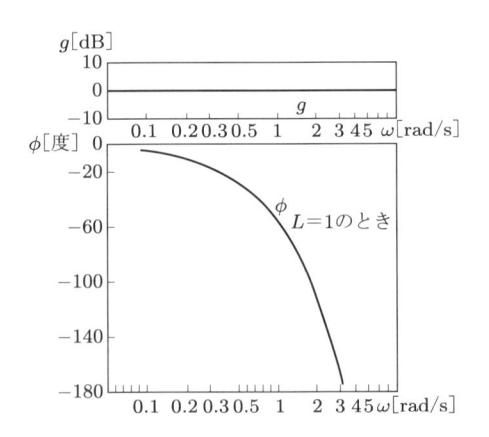

図 5.19 むだ時間要素のボード線図

5.3.7 複雑な伝達関数を持つボード線図

伝達関数 $G(s)$ が,$G(s) = G_1(s) \cdot G_2(s) \cdot G_3(s) \cdots$ と積で与えられるような系の周波応答は,ボード線図を用いると簡単に表現できる.すなわち,

$$G(j\omega) = G_1(j\omega) \cdot G_2(j\omega) \cdot G_3(j\omega) \cdots \tag{5.39}$$

において,ゲイン特性曲線は,

$$\begin{aligned} g &= 20\log_{10}|G_1(j\omega) \cdot G_2(j\omega) \cdot G_3(j\omega) \cdots| \\ &= 20\log_{10}|G_1(j\omega)| + 20\log_{10}|G_2(j\omega)| + 20\log_{10}|G_3(j\omega)| + \cdots \end{aligned} \tag{5.40}$$

$$= g_1 + g_2 + g_3 + \cdots \tag{5.41}$$

となるので系のゲイン特性曲線 g は,各ゲイン特性曲線の和として与えられる.位相 ϕ に関しても,

$$\begin{aligned} \phi &= \angle\,(G_1(j\omega) \cdot G_2(j\omega) \cdot G_3(j\omega) \cdots) \\ &= \angle\,G_1(j\omega) + \angle\,G_2(j\omega) + \angle\,G_3(j\omega) + \cdots \end{aligned} \tag{5.42}$$

$$= \phi_1 + \phi_2 + \phi_3 + \cdots \tag{5.43}$$

が成り立つので,系の位相特性曲線 ϕ は,各位相特性曲線の和として与えられる.

【例題 5.5】 周波数応答が,次式で与えられるときのボード線図を求めよ.

$$G(j\omega) = \frac{K(1+j\omega T_2)}{j\omega(1+j\omega T_1)(1+j\omega T_3)} \quad \text{ただし,} \; T_1 > T_2 > T_3$$

【解】 ゲイン g は,

$$g = 20\log_{10}\left|\frac{K(1+j\omega T_2)}{j\omega(1+j\omega T_1)(1+j\omega T_3)}\right| \quad \text{①}$$

$$= 20\log_{10}K + 20\log_{10}\left|\frac{1}{j\omega}\right| + 20\log_{10}\left|\frac{1}{(1+j\omega T_1)}\right|$$

$$+ 20\log_{10}\left|\frac{1}{(1+j\omega T_3)}\right| + 20\log_{10}|(1+j\omega T_2)| \quad \text{②}$$

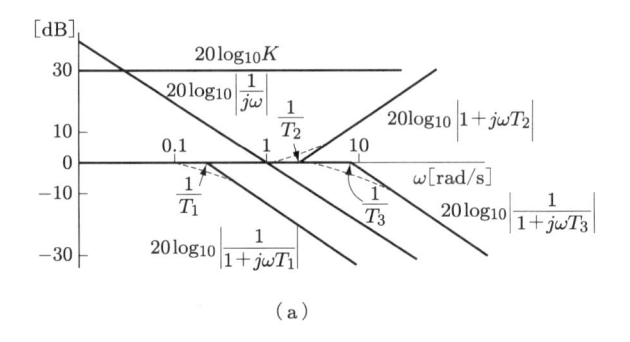

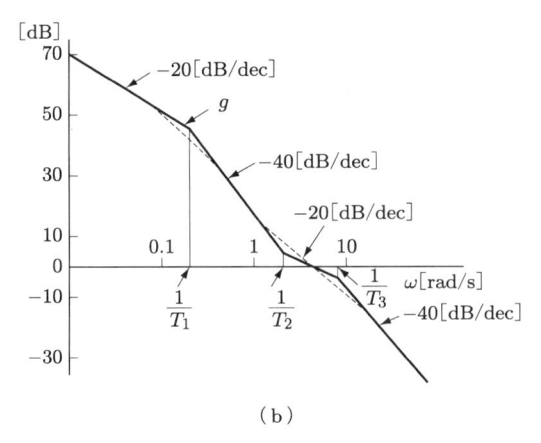

図 5.20 ボード線図・折線近似ゲイン特性曲線

それぞれの特性曲線を折線近似したものを図 5.20(a) に，その合成したものを (b) に示す．

位相特性 ϕ は，

$$\phi = \angle \frac{K(1+j\omega T_2)}{j\omega(1+j\omega T_1)(1+j\omega T_3)} \qquad ③$$

$$= \angle K + \angle 1/j\omega + \angle 1/(1+j\omega T_1) + \angle 1/(1+j\omega T_3)$$
$$\quad + \angle (1+j\omega T_2) \qquad ④$$

それぞれの位相特性を折線近似したものを図 5.21(a) に，その合成したものを (b) に示す．いずれもそれぞれの特性の和または差として合成すればよい．

図 5.21 折線近似位相特性曲線

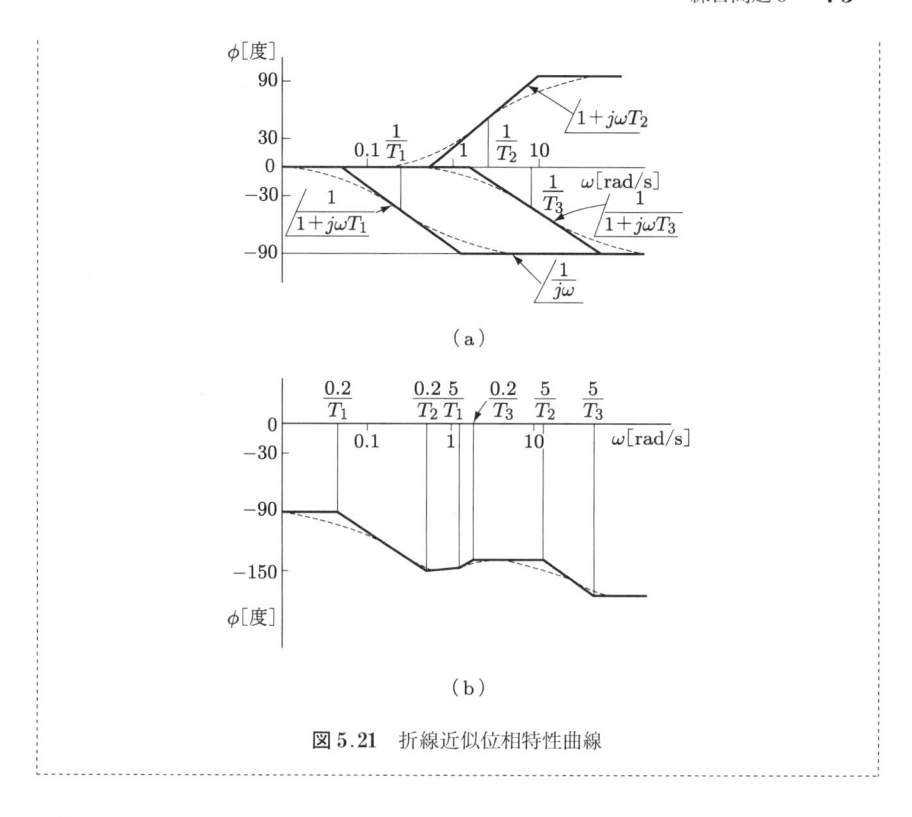

練習問題 5

1. 伝達関数が次で与えられる要素のベクトル軌跡の概形を描け．
   (1) K/s (2) K/s^3
   (3) $K/(1+sT)$ (4) $K/s^2(1+sT)$
   (5) $Ke^{-sL}/(1+sT)$ (6) $1/(1+3s)(1+4s)(1+5s)$

2. 伝達関数が，以下の (1)～(5) で与えられる要素のボード線図を折線近似で描け．
   (1) $100/s$ (2) $10/s^3$
   (3) $100/(1+0.5s)(1+2s)$ (4) $1/s(1+0.2s)(1+s)$
   (5) $10(1+0.5s)/(1+0.2s)(1+2s)$

3. 系のボード線図の折線近似ゲイン特性曲線が，問図 5.1 に示されるように与えられるとき，この系の伝達関数を求め，折線近似位相特性曲線をもって概形を描け．

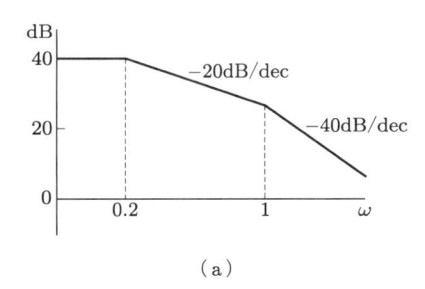

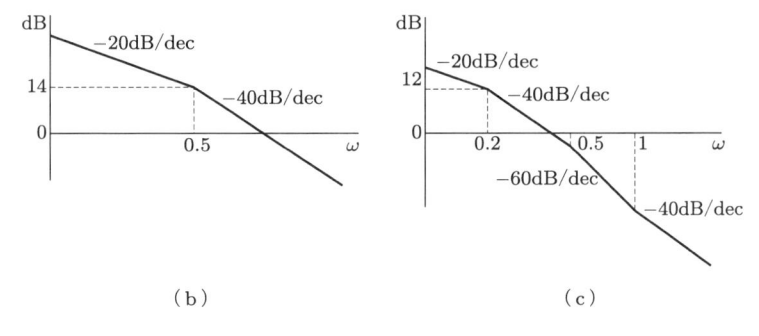

(a)

(b)

(c)

問図 5.1

第6章 安定判別

フィードバック制御系においては，系を安定に動作させることが第一要件である．この章では，特性方程式を利用したラウスの安定判別法について学び，安定度の目安を知ることのできるナイキスト安定判別法，さらに，位相余裕，ゲイン余裕について学ぶ．

第4章の過渡応答および第5章の周波数応答においては，図4.2あるいは図5.1に示されるように，線形要素の入出力間の関係について考察した．この章では閉じたフィードバック制御系の安定問題について検討する．

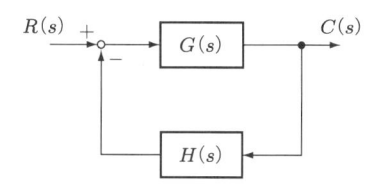

6.1 フィードバック制御系の安定問題

フィードバック制御系において，目標値の変化や外乱のために振動が生じても，その振動が減衰すれば，その系は**安定**であるという．これに対して，持続振動や発散振動が生じると，その系は**不安定**であるという．

いま，図6.1に示すような，$R(s)$ を入力信号，$C(s)$ を出力信号とするフィードバック制御系が与えられるとき，この間の伝達関数は次式で与えられる．

$$\frac{C(s)}{R(s)} = \frac{G(s)}{1+G(s)H(s)} \tag{6.1}$$

図6.1 フィードバック制御系

式 (6.1) を，$R(s)$ から $C(s)$ までの**閉ループ伝達関数**，$G(s)H(s)$ を**開ループ伝達関数**あるいは**一巡伝達関数**という．

いま，式 (6.1) における開ループ伝達関数 $G(s)H(s)$ を次式のように表現する．

$$G(s)H(s) = \frac{K(s-z_1)(s-z_2)\cdots(s-z_m)}{(s-p_1)(s-p_2)\cdots(s-p_n)} \quad (n > m) \quad (6.2)$$

ここに，p_i は開ループ伝達関数の**極**で，z_i は**ゼロ点**である．式 (6.1) の分母を 0 とおいた**特性方程式** $1 + G(s)H(s) = 0$ に式 (6.2) を代入すると，

$$\begin{aligned} & 1 + \frac{K(s-z_1)(s-z_2)\cdots(s-z_m)}{(s-p_1)(s-p_2)\cdots(s-p_n)} \\ &= \frac{(s-p_1)(s-p_2)\cdots(s-p_n) + K(s-z_1)(s-z_2)\cdots(s-z_m)}{(s-p_1)(s-p_2)\cdots(s-p_n)} \\ &= 0 \end{aligned} \quad (6.3)$$

式 (6.3) の分子を，s について降べきの順に並べると次式となる．

$$\begin{aligned} 1 + G(s)H(s) &= \frac{s^n + a_1 s^{n-1} + a_2 s^{n-2} + \cdots + a_{n-1}s + a_n}{(s-p_1)(s-p_2)\cdots(s-p_n)} \\ &= 0 \end{aligned} \quad (6.4)$$

さらに，この分子が因数分解できたとすると，

$$1 + G(s)H(s) = \frac{(s-s_1)(s-s_2)\cdots(s-s_n)}{(s-p_1)(s-p_2)\cdots(s-p_n)} = 0 \quad (6.5)$$

となる．式 (6.5) の $s_1, s_2, \cdots, s_n$ は，特性方程式の根すなわち**特性根**である．すなわち，

$$s^n + a_1 s^{n-1} + a_2 s^{n-2} + \cdots + a_{n-1}s + a_n = 0 \quad (6.6)$$

を満足する s の値が特性根で，式 (6.6) も特性方程式と呼んでいる．すでに 4.1 節で述べたように，特性根が複素平面上の右半平面にまったく存在しなければシステムは安定，一つでも存在すれば不安定になる．

フィードバック制御系では，フィードバックループを切り離した開ループ系において安定な系でも，ループを閉じることにより不安定な系となることが数多くある．また，不安定とまではいかなくても，安定性が悪く，一度振動を生じるとなかなか一定の値に落ちつかないことも起こる．

そこで，特性方程式や周波数応答を使用して，与えられたフィードバック制御系が，ループを閉じた閉ループ系において安定な制御系か，不安定な制御系かの判別法，さらには，安定であるとき，どの程度安定な制御系であるかの判別法について検討する必要がある．

6.2　ラウスの安定判別法

システムが安定かどうか，特性方程式を用いて判別する方法に**ラウスの安定判別法**がある．ここで，特性方程式は，図 6.1 に示す伝達関数 $C(s)/R(s) = G(s)/(1+G(s)H(s))$ の場合，特性方程式 $1+G(s)H(s) = 0$ の根（特性根）は一般に複素数となる．いま，特性方程式が式 (6.7) のように実数の係数を持つ n 次方程式とする．

$$a_0 s^n + a_1 s^{n-1} + \cdots + a_{n-1} s + a_n = 0 \tag{6.7}$$

ここで，a_0 は必ずしも 1 でなくてもよい．

このとき**安定条件**は，次の①，②の条件を満足することである．

① $a_0, a_1, \cdots, a_n$ のすべての係数が存在し，その符号が全部同符号であること．

② 係数 $a_0, a_1, \cdots, a_n$ から以下の**ラウスの表**を作成したとき，その最左端第 1 列に並ぶ係数 $a_0, a_1, b_1, c_1, \cdots, f_1, g_1$ がすべて同符号であること．

これをラウス・フルビッツの安定条件という．

ラウスの表の作成方法を具体的に説明する．

（1）　ラウスの表は，まず $a_0, a_1, \cdots$ の各係数を一つおきにとって以下のように交互に並べる．

s^n 行	a_0	a_2	a_4	a_6	$\cdots$
s^{n-1} 行	a_1	a_3	a_5	a_7	$\cdots$

(2) この s^n 行と s^{n-1} 行の値を用いて s^{n-2} 行として，$b_1, b_2, b_3, \cdots$ を以下のように求め，s^{n-1} 行の下に並べる．

$$b_1 = -\frac{1}{a_1}\begin{vmatrix} a_0 & a_2 \\ a_1 & a_3 \end{vmatrix} = \frac{1}{a_1}(a_1 a_2 - a_0 a_3),$$

$$b_2 = -\frac{1}{a_1}\begin{vmatrix} a_0 & a_4 \\ a_1 & a_5 \end{vmatrix} = \frac{1}{a_1}(a_1 a_4 - a_0 a_5),$$

$$b_3 = -\frac{1}{a_1}\begin{vmatrix} a_0 & a_6 \\ a_1 & a_7 \end{vmatrix} \cdots$$

その結果，ラウスの表は次のようになる．

s^n 行	a_0	a_2	a_4	$\cdots$
s^{n-1} 行	a_1	a_3	a_5	$\cdots$
s^{n-2} 行	b_1	b_2	b_3	$\cdots$

同様の方法で，s^{n-1} 行と s^{n-2} 行とを用いて s^{n-3} 行の $c_1, c_2, c_3, \cdots$ を求め，s^{n-2} 行の下に s^{n-3} 行目として並べる．この操作を s^0 行まで繰り返し，次のラウスの表を完成する．

s^n 行	a_0	a_2	a_4	a_6	$\cdots$
s^{n-1} 行	a_1	a_3	a_5	a_7	$\cdots$
s^{n-2} 行	b_1	b_2	b_3	b_4	$\cdots$
s^{n-3} 行	c_1	c_2	c_3	c_4	$\cdots$
$\vdots$	$\vdots$				
s^1 行	f_1				
s^0 行	g_1				

すなわち，安定条件 ① を調べ成立するときは，ラウスの表をつくり，② の条件を調べることにより安定性が明らかとなる．ラウスの表の第 1 列要素に符号の変化が k 回あれば，この系には k 個の**不安定根**があることを示している．

なお，ある行の第 1 列要素が 0 になったとき，あるいは，ある行のすべての

要素が0になったときはラウスの表を作ることはできない．この場合の取り扱いについては，例題6.2, 6.3に示す．

フルビッツもラウスとは別に安定判別法を提唱したが，原理的にはこの方法とまったく同じであるので，上記の方法を**ラウス・フルビッツの安定判別法**ということがある．

【例題6.1】 特性方程式が，次のような二つの系の安定判別をせよ．
 (a) $s^4 + 2s^3 + 3s^2 + 2s + 1 = 0$
 (b) $s^5 + 2s^4 + 3s^3 + 2s^2 + 5s + 4 = 0$

【解】 特性方程式のすべての係数が存在し，同符号であるので(a), (b)それぞれについてラウスの表をつくると次のようになる．

(a)
s^4	1	3	1
s^3	2	2	
s^2	2	1	
s^1	1		
s^0	1		

(b)
s^5	1	3	5
s^4	2	2	4
s^3	2	3	
s^2	-1	4	
s^1	11		
s^0	4		

(a)のラウスの表では，第1列の要素には符号の変化はない．よって(a)の系は安定である．

(b)のラウスの表の第1列の要素には，2から-1と-1から11の2回の符号の変化がある．この場合，不安定根は2個あることを示し不安定である．

【例題6.2】 特性方程式が，次のような系の安定判別をせよ．
$$s^4 + 4s^3 + 4s^2 + 4s + 3 = 0$$

【解】 特性方程式のすべての係数が存在し，同符号であるのでラウスの表をつくると，(a)のようになる．すなわち，s^1行はすべての要素が0となるのでs^0行へ進めない．この場合には，s^1の前の行s^2行の要素を用いた多項式$3s^2 + 3$をsについて微分する．すると$6s^1 + 0$となるので，s^1行の要素の0を6に交換して(b)のようなラウスの表を完成する．

(a)
s^4	1	4	3
s^3	4	4	
s^2	3	3	
s^1	0	0	
s^0	—		

(b)
s^4	1	4	3
s^3	4	4	
s^2	3	3	
s^1	6		
s^0	3		

(b)によると，第1列の要素には符号の変化はないので，系は安定と判定される．いま，s^2行の補助方程式 $3s^2 + 3 = 0$ を解くと，$s = \pm j$ が得られる．これは特性根に一対の虚根があり，安定と判定されたが，実は**安定限界**であったことがわかる．すなわち，特性方程式は，

$$s^4 + 4s^3 + 4s^2 + 4s + 3 = (s+1)(s+3)(s+j)(s-j) = 0$$

で，根は，$s = -1$, $s = -3$, $s = -j$, $s = j$ であったことがわかる．

【例題6.3】 特性方程式が次式で与えられる系の安定判別をせよ．

$$s^4 + 2s^3 + 2s^2 + 4s + 3 = 0$$

【解】 特性方程式のすべての係数が同符号で存在しているので，ラウスの表を作ると(a)のようになる．すなわち，s^2の行の第1列目が0となるが，2列目は3で0ではない．例題6.2の解法は採用できない．そこで(b)のように0にかえて微小数値 ε として計算をすすめる．

(a)
s^4	1	2	3
s^3	2	4	
s^2	0	3	
s^1			
s^0			

(b)
s^4	1	2	3
s^3	2	4	
s^2	ε	3	
s^1	$(4\varepsilon-6)/\varepsilon$		
s^0	3		

(b)において，系が安定である条件には，$\varepsilon > 0$ であるとともに，$(4\varepsilon - 6)/\varepsilon > 0$，すなわち，$\varepsilon > 3/2$ でなければならない．このことは，ε を微小数値と設定した条件に反する．したがって系は不安定であると判定する．

ちなみに，特性方程式を因数分解すると次のようになる．

$$(s+1)(s+1.57)(s-0.29+1.35j)(s-0.29-1.35j) = 0$$

右半平面に複素根があるため不安定となったことがわかる．

6.3 ナイキストの安定判別法

ラウス・フルビッツの安定判別法は安定，不安定の判別はできるが，安定の程度すなわち安定度を知ることはできない．また，特性方程式を利用するので，系の各要素の伝達関数のパラメータと結びつかないし，周波数応答の実測値が与えられたときは利用できない．

さらに，系にむだ時間要素を含むときには適さないなどいろいろの問題点を持っている．ナイキストの方法はこれらの問題を解決する方法で，開ループ伝達関数のベクトル軌跡を用いて，閉ループ系の安定性を判別する図的安定判別法である．

6.3.1 実用的安定判別法

図 6.1 に示すフィードバック制御系を考える．このとき，特性方程式は次式となる．

$$1 + G(s)H(s) = 0 \qquad (6.8)$$

ここで，**前向き伝達関数** $G(s)$, **フィードバック伝達関数** $H(s)$ のいずれも安定な特性を持つものと仮定する．いま，開ループ伝達関数 $G(s)H(s)$ において，$s = j\omega$ としたときの周波数応答 $G(j\omega)H(j\omega)$，すなわち，**開ループ周波数応答**を考える．与えられた系（図 6.1）の開ループ周波数応答のベクトル軌跡が，図 6.2 に示すように $\omega = \omega_0$ のとき $-1 + j0$ の点を通過したとする．

$\omega = \omega_0$ のときの開ループ周波数応答を求めると，次のようになる．

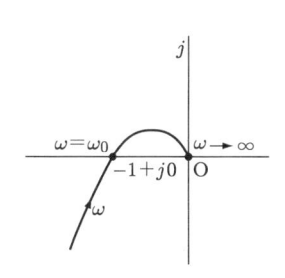

図 6.2 開ループ周波数応答のベクトル軌跡

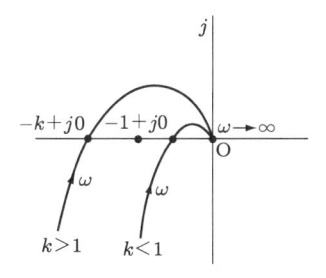

図 6.3 $k > 1$ のとき不安定 $k < 1$ のとき安定

$$G(j\omega_0)H(j\omega_0) = -1 + j0$$
$$= \cos(-180°) + j\sin(-180°)$$
$$= 1e^{-j180°} \qquad (6.9)$$

すなわち，$G(j\omega_0)H(j\omega_0)$ は振幅比が1で位相が $-180°$ となり，図6.1において，$R(s)=0$ の閉ループ系に対し周波数 ω_0 の一定振幅の振動が無限に続くことがわかる．

同様にして図6.3に示すように，ベクトル軌跡が $-k+j0$ の点を通過する場合を考える．このとき，開ループ周波数応答は，

$$G(j\omega_0)H(j\omega_0) = -k + j0 = -ke^{-j180°} \qquad (6.10)$$

となる．

すなわち，$k>1$ のとき，ベクトル軌跡は，$\omega=\omega_0$ で実軸上 $-1+j0$ の点の左側を通過する．この場合，ω_0 の角周波数を持つ正弦波の振幅は，一巡するごとに k 倍に拡大されていき，ループ内の信号は時間とともにますます増大していくことになる．したがって，フィードバック制御系は安定な動作を行うことができず，**不安定**な状態となる．

これに対して，$k<1$ のときは $\omega=\omega_0$ において実軸上 $-1+j0$ の点の右側を通過する．したがって，信号は一巡するごとに k 倍に縮小し，時間の経過とともに消滅することがわかる．この状態は**安定**である．

ナイキストの安定判別法を要約すると，以下のようになる．

(1) 与えられたフィードバック制御系において，開ループ周波数応答 $G(j\omega)H(j\omega)$ を求める．

(2) $G(j\omega)H(j\omega)$ を複素平面に描くことにより，ベクトル軌跡（これをナイキスト軌跡ともいう）を求める．

(3) ベクトル軌跡が負の実軸を横切るとき，$-1+j0$ の点が，ω の増加に伴い軌跡の進行方向の右側にある場合，与えられたフィードバック制御系は不安定な系である．これに対して，$-1+j0$ の点が，ω の増加に伴い軌跡の進行方向の左側にある場合，安定な制御系となる．また，軌跡が $-1+j0$ の点の上を通るときは持続振動すなわち安定限界となる．

このことから，一次おくれ系および二次おくれ系では，ナイキスト軌跡が $-1 + j0$ の点を右側にみて進むことはないので，常に安定であることがわかる．

6.3.2 拡張されたナイキスト安定判別法

特性方程式が式 (6.8) で表されるとき，これらのゼロ点すなわち特性根 s_1, $s_2, \cdots, s_n$ と極 $p_1, p_2, \cdots, p_n$ とを s 平面上にプロットすると図 6.4 のようになる．特性根 s_1 のまわりに時計方向に 1 回転する閉曲線 L を考える．L 上の 1 点 A と各ゼロ点および極を結ぶベクトル $s - s_1, s - s_2, \cdots, s - p_1, s - p_2, \cdots$ において，点 A すなわち s を L に沿って時計方向に 1 回転させると，ベクトル $s - s_1$ は s_1 が L の内部にあるので時計方向に 1 回転する．

しかし，ほかのベクトルは極やゼロ点が L の外にあるので先端が動くだけで回転角度は 0 である．したがって，$1 + G(s)H(s)$ のベクトルを考えると，$s - s_1$ は $1 + G(s)H(s)$ の分子にあるので，図 6.5 のように原点のまわりを時計方向に 1 回転する．

もし，L の中に特性根が R 個存在すれば，$1 + G(s)H(s)$ のベクトルは原点まわりを時計方向に R 回転し，極が P 個存在すれば，極は分母にあるので，ベクトルは原点まわりに反時計方向に P 回転する．全体としては，ベクトル $1 + G(s)H(s)$ は s の変化に対して原点まわりに $R - P = N$ 回時計方向に回転することになる．閉曲線 L を拡大して，虚軸と，∞ の半径をもつ円弧よりなる閉径路 $L\infty$ をもつ s 平面の右半平面すべてを含むものとすれば，不安定根は必ずこの中に含まれる．

いま，$L\infty$ に対するベクトル $1 + G(s)H(s)$ のベクトル軌跡を考える．一般

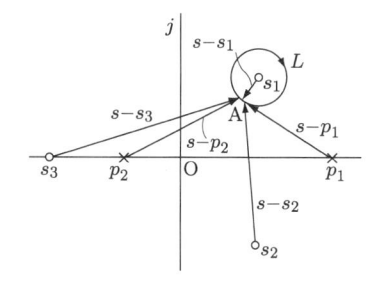

図 6.4 s 平面における特性根と極のベクトルの回転

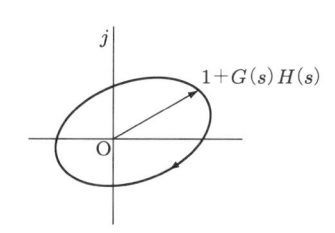

図 6.5 $1 + G(s)H(s)$ のベクトルの回転

に，$G(s)H(s)$ は $|s|=\infty$ のとき 0 または定数となる．すなわち，s 平面の無限大半径部分についての $1+G(s)H(s)$ は，1 または一定値となる．したがって，$1+G(s)H(s)$ の残る軌跡は j 軸上の s の値に対する軌跡，すなわち $s=j\omega(-\infty<\omega<+\infty)$ の範囲を描けば右半平面すべての軌跡を描いたことになる．

$1+G(j\omega)H(j\omega)$ の原点まわりの回転数 N は，$-1+j0$ まわりの $G(j\omega)H(j\omega)$ なるベクトル軌跡の回転数と等価である．

以上を要約すると，ナイキストの安定判別は次の手順によっても表現できる．

(1) 開ループ伝達関数 $G(s)H(s)$ を求め，ベクトル軌跡(ナイキスト軌跡) $G(j\omega)H(j\omega)$ を求める．

(2) このナイキスト軌跡が，$-1+j0$ の点のまわりを時計方向に回転する回数 N を調べる．

(3) $G(j\omega)H(j\omega)$ の極のうち，s 平面の右半平面にあるものの個数を P とする．

(4) $N+P=R$ を調べ，$R=0$ なら安定，$R>0$ なら不安定で，R の数が不安定根の数となる．これを，**拡張されたナイキストの安定判別法**という．

なお，虚軸上に極が存在する場合には，その極を避けるような軌跡を考えればよい．例えば，$G(s)H(s)$ の極が原点にあるとき，図 6.6 に示すように原点

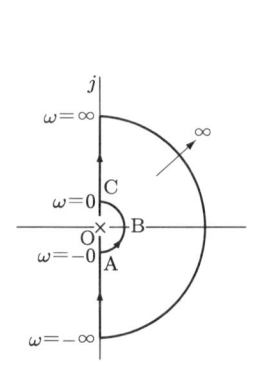

図 6.6　s 平面の原点に極があるとき

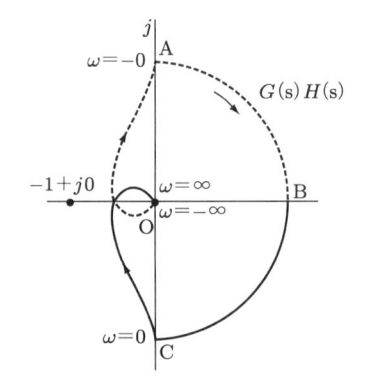

図 6.7　図 6.6 に対応する $G(s)H(s)$ のナイキスト軌跡

のまわりに微小半径の円 ABC を考える．この半径を 0 に近づけた場合，図 6.7 に示す $G(s)H(s)$ では，半径無限大の半円 ABC に対応する閉曲線となり N を数えることができる．虚軸上にほかの極があれば，同様の処置をほどこす．

【例題 6.4】 次の開ループ伝達関数を持つ制御系の安定性を判別せよ．

$$G(s)H(s) = \frac{K}{s(s+1)(s+4)}$$

【解】（1） $G(s)H(s)$ の極は，$s = 0, -1, -4$ で s 平面上右半平面には存在しない．よって，$P = 0$，$G(j\omega)H(j\omega)$ のナイキスト軌跡の概形は図 6.8 のようになり，K の値によっては $-1 + j0$ の点を囲み，不安定となる．$s = j\omega$ を代入すると，

$$\begin{aligned}G(j\omega)H(j\omega) &= \frac{K}{j\omega(j\omega+1)(j\omega+4)} \\ &= \frac{K}{-5\omega^2 + j\omega(4-\omega^2)}\end{aligned} \qquad ①$$

式①が負の実軸と交わる点は虚数部が 0 のときで，そのときの $\omega = \omega_c$ は，

$$\omega_c{}^2 = 4 \quad \therefore \quad \omega_c = \pm 2 \qquad ②$$

この値を式①に代入すると，$G(j\omega_c)H(j\omega_c) = -K/20$ となる．

この制御系が安定であるためには，$|G(j\omega_c)H(j\omega_c)| < 1$ でなければならない．よって，

$$\frac{K}{20} < 1 \quad \therefore \quad K < 20 \qquad ③$$

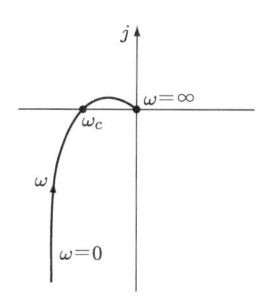

図 6.8 $\dfrac{K}{s(s+1)(s+4)}$ のナイキスト軌跡

(2) ラウスの安定判別によると，特性方程式は次のようになる．

$$1 + G(s)H(s) = 1 + \frac{K}{s(s+1)(s+4)}$$
$$= \frac{s(s+1)(s+4) + K}{s(s+1)(s+4)}$$
$$= 0 \qquad ④$$

分子を整理して，$s^3 + 5s^2 + 4s + K = 0$ であるから，ラウスの安定条件より，$K > 0$ でなければならない．また，ラウスの表は次のようになり，この第1列に符号の変化がないためには，

$$\begin{array}{c|ll}
s^3 & 1 & 4 \\
s^2 & 5 & K \\
s^1 & (20-K)/5 & \\
s^0 & K &
\end{array}$$

$(20 - K)/5 > 0, \ K > 0$ ⑤

この条件を満足するための条件は，

$20 > K > 0$ ⑥

ω_c を求めるには s^2 の行の補助方程式

$5s^2 + K = 0$ ⑦

で $s = j\omega$，$K = 20$ を代入すると $\omega = \omega_c = \pm 2$

(**注**) ナイキスト軌跡の概形が図6.8のようになると述べたのは，図5.9より類推できるためである．完全なナイキスト軌跡は，$s = 0$ の点を避けなければならない．くわしくは，$|G(j\omega)H(j\omega)|$，$\angle G(j\omega)H(j\omega)$ より，ω に値を入れて軌跡を求めればよい．

ちなみに特性方程式の分子は，$K = 19$ のとき，$(s + 4.96)(s + 0.02 - j1.95)(s + 0.02 + j1.95) = 0$，$K = 20$ のとき，$(s + 5)(s - j2)(s + j2) = 0$ で，$20 > K > 0$ で安定であることが計算上からもわかる．

6.4 制御系の安定度

ナイキストの安定判別では，$-1 + j0$ の点に注目して，ω の増加方向を開ループ周波数応答の進行方向とすると，進行方向の右側に $-1 + j0$ の点があれば不安定，左側にあれば安定である．この考え方を用いて，フィードバック制御系の安定の程度や度合が評価できる．系の安定の程度・度合いを，一般に**安定度**という．

系の安定度の評価をするとき，例えば，$-1 + j0$ の点を進行方向の左側に見

る場合, $-1+j0$ の点に近い位置を通るか, 遠い位置, すなわち原点に近い位置を通るかで安定度は異なる. これは, 過波応答にも関係することであるが, 開ループ伝達周波数応答のナイキスト軌跡が, $-1+j0$ の点に対し, どの程度離れているかについて定量的に表現することがフィードバック制御系の過渡特性を知る上で重要になってくる. このため, 以下に述べる位相余裕・ゲイン余裕とという量が定義される.

6.4.1 位相余裕

複素平面上に, 図6.9に示すように原点Oを中心とする半径1の単位円を描く. この円は $-1+j0$ の点を通る. いま, この平面上に周波数応答 $G(j\omega)H(j\omega)$ のナイキスト軌跡を描き, 円との交点をP, また, 負の実軸との交点をQとする.

ここで, ベクトル $\overline{OP}$ の位相角を負の実軸 ($-180°$) から反時計方向 (プラス方向) に測った角度を ϕ_m とし, これを**位相余裕**と定義する. また, 点Pにおける角周波数 ω_{cg} を**ゲイン交差角周波数**と呼ぶ. このとき, ナイキスト軌跡は, ϕ_m が大きいほど, 原点に近い位置で負の実軸と交わり, 安定度の高いフィードバック系であることがわかる. さらに ϕ_m が負の場合, 図6.9の破線で示すようにナイキスト軌跡は $-1+j0$ の点を右にみて負の実軸と交わる. したがって, この場合不安定な系となる. このことからわかるように, 位相余裕により

$\phi_m > 0$ なら安定

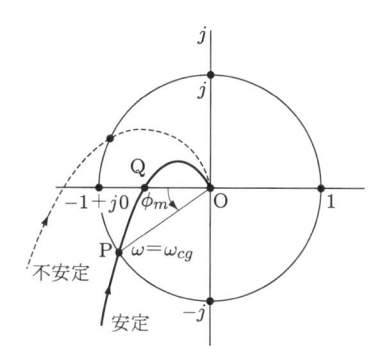

図6.9 位相余裕とゲイン余裕

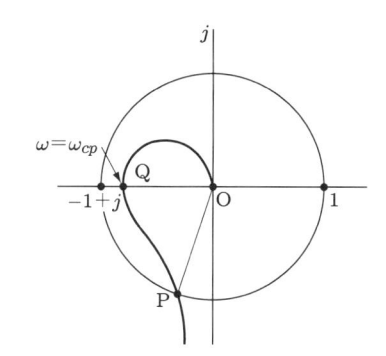

図6.10 位相余裕は十分あるが安定限界に近い系

$\phi_m < 0$ なら不安定

$\phi_m = 0$ のとき安定限界

で，位相余裕とは位相がその点からどれだけ余裕があるかを示している．

次に，位相余裕は大きいが安定限界に近い系として，図 6.10 がある．この系は，十分な位相余裕をもっているが，ナイキスト軌跡が単純な形でなく，$-1 + j0$ の近くで負の実軸と交わっている．この場合，安定性の点で問題が生ずる．すなわち，このような場合には，位相余裕で判断するだけでは不十分で，次に述べるゲイン余裕もあわせて考える必要がある．

6.4.2 ゲイン余裕

図 6.10 において，ベクトル軌跡が負の実軸を通る点 Q と原点 O の長さ $\overline{OQ}$ より次式で得られる量 g_m を**ゲイン余裕**と定義する．

$$g_m = 20 \log_{10}(1/\overline{OQ}) = -20 \log_{10} \overline{OQ} \qquad (6.11)$$

安定な制御系では，$0 < \overline{OQ} < 1$ であるから $g_m > 0$ となる．

不安定な系においては，$\overline{OQ} > 1$ であるから $g_m < 0$

となることがわかる．g_m の値が大きくなるほど原点近くで実軸と交わることになるので，安定度が高くなる．なお，点 Q における角周波数 ω_{cp} を**位相交差角周波数**という．

二次系の開ループ伝達関数は二次おくれであるから，そのナイキスト軌跡は第 2 象限に入ることはない．したがって，点 Q は原点 O に一致し，$\overline{OQ} = 0$ であるので $g_m = \infty$ となる．すなわち，二次系ではゲイン定数をいかに増加しても不安定にはならないことがわかる．

ϕ_m は少なくとも 30°，g_m は少なくとも 8 dB（真値で 2.5）にとるのがよいとされている．

6.5　ボード線図と位相余裕・ゲイン余裕

位相余裕，ゲイン余裕はボード線図上からも容易に求めることができる．

いま，図 6.9 のナイキスト軌跡 $G(j\omega)H(j\omega)$ をボード線図で表現したとき，図 6.11 のように与えられたとする．開ループ周波数応答 $G(j\omega)H(j\omega)$ におけるナイキスト軌跡と単位円との交点 P は，ベクトル $G(j\omega) \cdot H(j\omega)$ の大きさ

6.5 ボード線図と位相余裕・ゲイン余裕

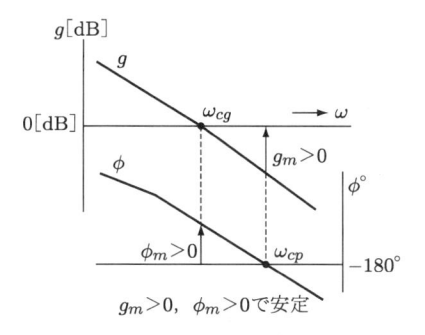

図 6.11 ボード線図上の位相余裕・ゲイン余裕

$|G(j\omega)H(j\omega)|$ が 1 となる点で，これは，図 6.11 のボード線図上では，ゲイン特性曲線 g と 0[dB] のレベルとの交点に対応し，そのときの ω が ω_{cg} となる．したがって，この点における位相差 ϕ を $-180°$ の線を基準として位相の進む方向に読み取った値 ϕ_m が位相余裕となる．

一方，図 6.9 におけるナイキスト軌跡 $G(j\omega)H(j\omega)$ が負の実軸を切る点 Q は，$\angle G(j\omega)H(j\omega)$ が $-180°$ になる点であるので，図 6.11 のボード線図上では，位相特性曲線 ϕ が $-180°$ の横軸を切る点に対応し，そのときの ω が ω_{cp} となる．したがって，このときのゲイン g の値を読み取り，その符号を変えたものがゲイン余裕 g_m となる．

位相余裕，ゲイン余裕の値が正であれば系は安定で，その値が大きいほど安定性がよいことになる．

【例題 6.5】 次の系について，ゲイン余裕を求めよ．

$$\frac{60}{s(s+2)(s+6)} \quad ①$$

【解】 この系のナイキスト軌跡の概形は，図 6.8 のようになる．ゲイン余裕は，$g_m = -20\log\overline{OQ}$ であるから，ナイキスト軌跡が負の実軸と交わる ω を求める．$s = j\omega$ と置くと，

$$\frac{60}{j\omega(j\omega+2)(j\omega+6)} = \frac{60}{\omega\{-8\omega + j(12-\omega^2)\}} \quad ②$$

この虚数部を 0 とする ω で負の実軸と交わる．そのとき，
$$\omega^2 = 12 \qquad \qquad ③$$
式③を式②に代入すれば，そのときの実数部 $\overline{OQ}$ に相当する．よって g_m は，
$$g_m = -20\log_{10}\left|\frac{60}{-8\times 12}\right| = -20\log_{10}\frac{5}{8} = 20\log_{10}\frac{8}{5}$$
$$\simeq 4.08 \quad [\text{dB}]$$
式①をボード線図に描いてゲイン余裕を求めても同じ結果となる．試みよ．

練習問題 6

1. 次の特性方程式を持つ系の安定性をラウスの方法で判別せよ．
   (1) $s^4 + 4s^3 + 3s^2 + 4s + 1 = 0$
   (2) $2s^4 + s^3 + 4s^2 + 10s + 20 = 0$
   (3) $s^4 + s^3 + s^2 + 9s + 5 = 0$
   (4) $s^3 + 2s^2 + 4s + 8 = 0$
   (5) $s^4 + 4s^3 + 2s^2 + 8s + 9 = 0$

2. 次の開ループ伝達関数を持つ系が安定であるための K の条件を求めよ．
   (1) $G(s)H(s) = K/(1+s)(s+2)$
   (2) $G(s)H(s) = K/s(s+1)(s+5)$

3. 次の開ループ伝達関数を持つ系の安定性をナイキストの方法で判別せよ．
   (1) $G(s)H(s) = K/(1-sT)$
   (2) $G(s)H(s) = s/(1-0.2s)$
   (3) $G(s)H(s) = 50/s(1+0.1s)(1+0.2s)$

4. 開ループ伝達関数が次式で与えられる系のボード線図から位相余裕，ゲイン余裕を求めよ．$G(s)H(s) = 2.5/s(1+0.1s)(1+0.5s)$

5. 開ループ伝達関数が，次式で与えられる系のゲイン余裕が 20 dB になるような K の値を求めよ．$G(s)H(s) = K/(1+s)(1+2s)(1+3s)$

第7章
フィードバック制御系の特性

　自動制御システムにおいて，予期しない，しかも直接測定できない外乱のため系を乱されるのを防ぐためには，システムの構造をフィードバック制御系にする必要がある．本章では，フィードバック制御系の性質，すなわちフィードバック制御系の特性について学ぶ．

　フィードバック制御系の特性としては，定常特性と過渡特性とがある．制御系が安定であるとき，系に入力信号が加わると，はじめ過渡的な状態となり，十分な時間の経過の後，定常状態に達する．系の特性としては，過渡状態はできるだけ早く消滅して，定常状態に速やかに落ち着き，定常状態で目標値と制御量が一致することが望ましい．その成否は開ループ伝達関数の形に関係する．

　定常特性の評価は，目標値と制御量の差である定常偏差によって行う．過渡特性については，入力信号に対する応答の速応性と振動成分の減衰の度合を表す安定性（減衰性）などによって行う．

7.1　フィードバック制御系の基本構成

　フィードバック制御系の機能面に着目した構成をブロック線図で表現すると，図7.1のようになる．この図7.1をシグナルフロー線図表現にすると，図7.2のようになる．ここでは，**目標値** $R(s)$，**制御量** $C(s)$，**外乱** $D(s)$ および**制御偏差** $E(s)$ を節として，それぞれを source または sink の対象としている．

　図7.1において $R(s)$ を source，$C(s)$ を sink とすると，メイソンの公式より，

$$\frac{C(s)}{R(s)} = \frac{G(s)}{1 + G(s)H(s)} \qquad (7.1)$$

第7章 フィードバック制御系の特性

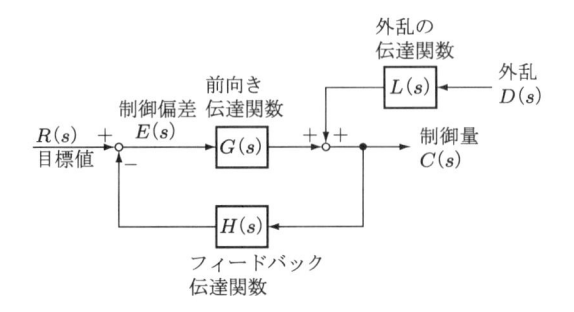

図 7.1 フィードバック制御系のブロック線図

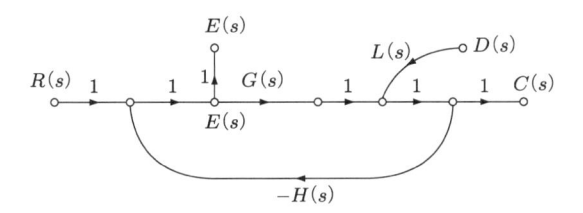

図 7.2 図 7.1 のシグナルフロー線図表現

が得られる．ここで，$G(s)H(s)$ はループ・トランスミッタンスで，前向き伝達関数とフィードバック伝達関数の積で，これを開ループ伝達関数または一巡伝達関数と呼んでいる．これに対し，式 (7.1) の伝達関数を $R(s)$ から $G(s)$ までの**閉ループ伝達関数**という．いま，$D(s)$ を source，$C(s)$ を sink とすると，

$$\frac{C(s)}{D(s)} = \frac{L(s)}{1 + G(s)H(s)} \tag{7.2}$$

同様に，$R(s)$ および $D(s)$ をそれぞれ source とし，$E(s)$ を sink とすると，

$$\frac{E(s)}{R(s)} = \frac{1}{1 + G(s)H(s)} \tag{7.3}$$

$$\frac{E(s)}{D(s)} = \frac{-L(s)H(s)}{1 + G(s)H(s)} \tag{7.4}$$

が得られる．なお，外乱 $D(s)$ が $G(s)$ の前に入る図 7.3 のような場合もある．このときは，$D(s) = D_1(s)$ として次式で表される．

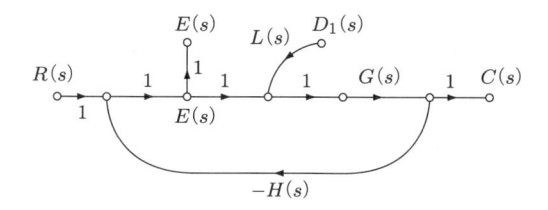

図7.3 外乱が $G(s)$ 要素の前に入る場合

$$\frac{E(s)}{D_1(s)} = \frac{-L(s)G(s)H(s)}{1+G(s)H(s)} \tag{7.5}$$

以上，式 (7.1)～(7.5) において特に重要なことは，伝達関数の分母がいずれも $1+G(s)H(s)$ であるということである．この分母を 0 と置くことによって，得られる s に関する方程式 (7.6) は特性方程式である．

$$1+G(s)H(s) = 0 \tag{7.6}$$

この特性方程式の根を，**特性根**または**閉ループ系の極**という．

開ループ伝達関数 $G(s)H(s)$ は一般形として，

$$G(s)H(s) = \frac{K\prod_{j=1}^{m}(1+sT_j')e^{-sL}}{s^l \prod_{i=1}^{n-l}(1+sT_i)\{1+2\zeta(s/\omega_n)+(s/\omega_n)^2\}} \tag{7.7}$$

で表される．ただし，$n > m$ である．

また，l は 0 を含む正の整数をとり，$l=0$ のときのフィードバック制御系を **0 形の制御系**といい，以下 $l=1$ のとき **1 形の制御系**，$l=2$ のとき **2 形の制御系**という．l の値は系の定常特性に密接な関係がある．

7.2 フィードバック制御系の定常特性

安定なフィードバック制御系に入力信号が印加され，それによる過渡現象が終了した後の出力信号に関する特性が**定常特性**である．定常特性は，目標値および外乱についての制御偏差について考えるのが普通で，図 7.1 あるいは図

7.2 についての式 (7.3) と式 (7.4) とが対象になる．

7.2.1 目標値変化に対する最終偏差

図 7.2 あるいは図 7.3 において，外乱 $D(s) = 0$ として，目標値 $R(s)$ の変化に対して制御偏差 $E(s)$ の最終値の関係をみる．目標値としては，表 4.1 に示した (a) ステップ信号入力，(b) 定速度信号入力，(c) 定加速度信号入力とする．

式 (7.3) より，**制御偏差** $E(s)$ は次式で与えられる．

$$E(s) = \frac{1}{1 + G(s)H(s)} \cdot R(s) \tag{7.8}$$

制御偏差 $e(t)$ の最終値 $e(\infty)$ は，**最終値の定理**を用いて（付録 4 参照），

$$e(\infty) = \lim_{s \to 0} sE(s) = \lim_{s \to 0} \frac{sR(s)}{1 + G(s)H(s)} \tag{7.9}$$

となり，$R(s)$ を印加することにより $e(\infty)$ を求めることができる．$e(\infty)$ の値を**定常偏差**といい，制御系の設計に当っては，$e(\infty) \to 0$ の実現が一つの目標となる．

（1） 目標値にステップ入力信号印加のとき

高さ h のステップ入力が印加されたとき，$r(t) = hu(t)$，これをラプラス変換すると $R(s) = h/s$ となるから，式 (7.9) は次式となる．

$$e(\infty) = \lim_{s \to 0} \frac{h}{1 + G(s)H(s)} = \frac{h}{1 + G(0)H(0)} \tag{7.10}$$

開ループ伝達関数 $G(s)H(s)$ は，一般に式 (7.7) のように表される．式 (7.7) の分母に含まれる s^l の l の値は，定常特性に密接な関係がある．そこで l の値を与え，$s = 0$ としたときの，$G(0)H(0)$ の値，およびそれに伴う定常偏差 $e(\infty)$ を求めると次のようになる．

（a） 0 形系 ($l = 0$) のとき　$G(0)H(0) = K = K_p$，$e(\infty) = h/(1 + K_p)$
（b） 1 形系 ($l = 1$) のとき　$G(0)H(0) = \infty$，$e(\infty) = 0$
（c） 2 形系 ($l = 2$) のとき　$G(0)H(0) = \infty$，$e(\infty) = 0$

0 形系におけるゲインを K_p と置き，これを**定常位置偏差定数**と呼んでいる．0 形系では，ステップ入力に対して K_p を大きくするほど $e(\infty)$ は小さくなる．

この $e(\infty)$ を**定常位置偏差**，または**オフセット**という．

ステップ入力においては1形以上の制御系の場合，定常偏差は理論的には0になることがわかる．

（2） 目標値に定速度入力（ランプ入力）信号印加のとき

定速度 v で変化する入力信号 $r(t) = vt$ は，ラプラス変換すると $R(s) = v/s^2$ となるから，式 (7.9) は，

$$e(\infty) = \lim_{s \to 0} \frac{v}{s + sG(s)H(s)} = \frac{v}{\lim_{s \to 0} sG(s)H(s)} \quad (7.11)$$

となる．

開ループ伝達関数 $G(s)H(s)$ は，式 (7.7) を用いる．$\lim_{s \to 0} sG(s)H(s)$ および，それに伴う $e(\infty)$ は以下のようになる．

（a） 0形系（$l = 0$）のとき $\lim_{s \to 0} sG(s)H(s) = 0$, $e(\infty) = \infty$

（b） 1形系（$l = 1$）のとき $\lim_{s \to 0} sG(s)H(s) = K = K_v$, $e(\infty) = v/K_v$

（c） 2形系（$l = 2$）のとき $\lim_{s \to 0} sG(s)H(s) = \infty$, $e(\infty) = 0$

ここに，K_v を**速度偏差定数**といい，v/K_v を**定常速度偏差**という．

すなわち，一定速度入力が印加されたときの定常特性は，0形系では目標値変化に追従できず，制御偏差の最終値は無限大になる．1形系では十分時間がたつと一定の誤差 v/K_v を伴って目標値変化に追従し，2形系では誤差が0で目標値変化に完全に追従していくことが可能となる．

（3） 目標値に定加速度入力信号印加のとき

入力信号が定加速度 a で変化するとき，$r(t) = at^2/2$ であるから $R(s) = a/s^3$ となる．よって式 (7.9) は，次のようになる．

$$e(\infty) = \lim_{s \to 0} \frac{a}{s^2 + s^2 G(s)H(s)} = \frac{a}{\lim_{s \to 0} s^2 G(s)H(s)} \quad (7.12)$$

これまでと同様に，$G(s)H(s)$ として式 (7.7) を考え，$e(\infty)$ を求めると，

（a） 0形系（$l = 0$）のとき $\lim_{s \to 0} s^2 G(s)H(s) = 0$, $e(\infty) = \infty$

（b） 1形系（$l = 1$）のとき $\lim_{s \to 0} s^2 G(s)H(s) = 0$, $e(\infty) = \infty$

表 7.1 目標値入力に対する定常偏差

		ステップ入力	定速度入力	定加速度入力
入力信号の形 $r(t)$		$r(t) = hu(t)$	$r(t) = vt$	$r(t) = \frac{1}{2}at^2$
制御偏差 $e(t)$	0形系	$e(\infty) = \dfrac{h}{1+K_p}$	$e(\infty) = \infty$	$e(\infty) = \infty$
	1形系	$e(\infty) = 0$	$e(\infty) = \dfrac{v}{K_v}$	$e(\infty) = \infty$
	2形系	$e(\infty) = 0$	$e(\infty) = 0$	$e(\infty) = \dfrac{a}{K_a}$

（c） 2形系（$l=2$）のとき $\lim_{s \to 0} s^2 G(s)H(s) = K = K_a$, $e(\infty) = a/K_a$

（d） 3形系（$l=3$）のとき $\lim_{s \to 0} s^2 G(s)H(s) = \infty$, $e(\infty) = 0$

となる．ここに，K_a を**定加速度偏差定数**，a/K_a を**定常加速度偏差**という．

以上の結果を制御偏差に着目して表に示すと，表 7.1 となる．図中の破線は目標値入力信号で，実線は応答すなわち定常偏差を示す．

【例題 7.1】 図 7.4 のシグナルフロー線図表現で示す直結フィードバック制御系に，高さ h のステップ入力信号を加えたとき定常偏差はいくらか．ただし，外乱は考慮しないものとする．

【解】 source $R(s)$ から sink $E(s)$ までの合成トランスミッタンスは，メイソンの公式を利用すると次のよう求められる．

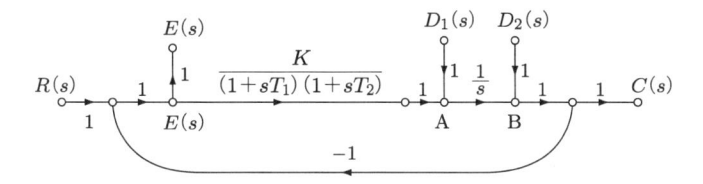

図 7.4 直結フィードバック系のシグナルフロー線図表現

$$E(s) = \frac{1}{1 + \dfrac{K}{(1+sT_1)(1+sT_2)} \cdot \dfrac{1}{s}} R(s)$$

$$= \frac{(1+sT_1)(1+sT_2)s}{(1+sT_1)(1+sT_2)s + K} R(s)$$

いま，$R(s) = h/s$ を代入し，定常偏差 $e(\infty)$ を求めると，

$$e(\infty) = \lim_{s \to 0} sE(s) = \lim_{s \to 0} s \frac{(1+sT_1)(1+sT_2)s}{(1+sT_1)(1+sT_2)s + K} \frac{h}{s}$$

$$= \frac{0}{K} = 0$$

【例題 7.2】 図 7.5 の制御系に，$t \geqq 0$ において $r(t) = 1 + t + t^2$ の入力信号が与えられるときの定常偏差を求めよ．

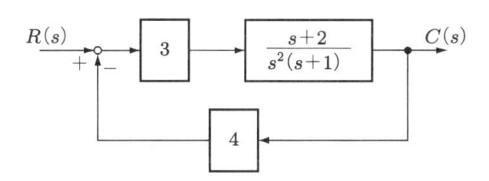

図 7.5 例題 7.2 の制御系

【解】 図 7.5 は，シグナルフロー線図表現にすると図 7.6 のようになる．source $R(s)$ から sink $E(s)$ までの合成トランスミッタンスはメイソンの公式を用いて次のようになる．

$$E(s) = \frac{1}{1 + \dfrac{12(s+2)}{s^2(s+1)}} R(s) \qquad ①$$

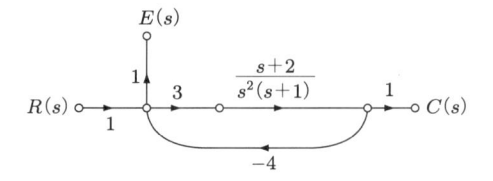

図 7.6 図 7.5 の制御系のシグナルフロー線図表現

$r(t) = 1 + t + t^2$ であるから，

$$R(s) = \frac{1}{s} + \frac{1}{s^2} + \frac{2}{s^3} = \frac{s^2 + s + 2}{s^3} \qquad ②$$

したがって，

$$e(\infty) = \lim_{s \to 0} sE(s) = \lim_{s \to 0} \frac{s \cdot s^2(s+1)}{s^2(s+1) + 12(s+2)} \cdot \frac{s^2 + s + 2}{s^3}$$
$$= \frac{2}{24} = \frac{1}{12} \qquad ③$$

式①よりこの系は 2 形である，式②より入力信号は定加速度入力的であり，式③の結果は，前の結果と合致することがわかる．

（注） 図 7.6 の $R(s)$, $E(s)$ まわりは厳密には図 7.4 のようにする方がよい．

7.2.2 外乱に対する最終偏差

外乱に対する定常偏差についても，目標値の変化に対しての取り扱いと同様に考えればよい．外乱に対する制御偏差は，図 7.2 あるいは図 7.3 のように外乱の加わる位置により，式 (7.4) あるいは式 (7.5) のように求められる．したがって，外乱の入る位置によって定常偏差は異なるので注意を要する．

【例題 7.3】 図 7.4 の直結フィードバック系がある．いま，節 A に外乱 $D_1(s)$ が入る場合と，節 B に外乱 $D_2(s)$ がそれぞれ個別に加わる場合の定常偏差を比較せよ．ただし，$D_1(s)$, $D_2(s)$ とも，高さ h なるステップ状の外乱とする．
【例】 図 7.4 において，source $D_1(s)$ から，sink $E(s) = E_1(s)$ までの合成トランスミッタンスは，

$$E_1(s) = \cfrac{-1/s}{1 + \cfrac{K}{(1+sT_1)(1+sT_2)}\cfrac{1}{s}} D_1(s)$$

$$= \frac{-(1+sT_1)(1+sT_2)}{(1+sT_1)(1+sT_2)s + K} D_1(s) \quad ①$$

$D_1(s) = h/s$ を代入して，定常偏差 $e_1(\infty)$ を求めると，

$$e_1(\infty) = \lim_{s \to 0} sE_1(s) = \lim_{s \to 0} s \frac{-(1+sT_1)(1+sT_2)}{(1+sT_1)(1+sT_2)s + K} \frac{h}{s} = -\frac{h}{K} \quad ②$$

同様に $D_2(s)$ を source とし，sink $E(s) = E_2(s)$ までの合成トランスミッタンスは，

$$E_2(s) = \cfrac{-1}{1 + \cfrac{K}{(1+sT_1)(1+sT_2)s}} D_2(s) \quad ③$$

$D_2(s) = h/s$ として $e_2(\infty)$ を求めると，

$$e_2(\infty) = \lim_{s \to 0} sE_2(s) = \frac{0}{0 + K} = 0 \quad ④$$

$e_1(\infty)$ と $e_2(\infty)$ とからわかるように，外乱が入る位置によって定常偏差に違いが生ずる．

一般に，外乱に対する制御系の形は，外乱が入る位置より前の伝達関数によって決まる．

7.3 フィードバック制御系の過渡特性

フィードバック制御系の特性としては，**定常特性**と**過渡特性**とがある．制御系が安定であれば，系に入力信号が加わるとき，はじめ過渡的な状態を呈し，次いで十分時間が経過して定常状態に達する．その際，過渡状態は速やかに消滅して定常状態に達し，定常状態で制御量が目標値に一致することが望まれる．

過渡的な状態の特性には**速応性**と**安定度**とがある．速応性は入力信号に対する応答の速さを示すもので，安定度は応答の振動成分が減衰する度合を示している．したがって安定度は**減衰特性**ともいう．

過渡特性を評価する方法としては，直接過渡応答によって評価する過渡応答

法と，周波数特性で評価する周波数応答法とがある．

7.3.1 過渡応答法による評価

一般に，目標値に対する制御量のステップ応答は図 7.7 のように二次おくれ系のステップ応答に近いものになることが多い．これに対する過渡特性の評価に，次の諸量が用いられている．

（1）**立上り時間** t_r：最終値の 10〜90% に到達するまでの時間で，速応性を示す．

（2）**遅延時間** t_d：最終値の 50% に達するまでの時間で速応性を表す．

（3）**行き過ぎ量 P**：$P =$（最初の最大値 − 最終値）/最終値で表し，安定性を示す．この値が小さいほど安定度（減衰特性）がよい．

（4）**行き過ぎ時間** t_p：応答波形が最初の行き過ぎ点に到達するまでの時間で，速応性の尺度となる．

（5）**整定時間** t_s：最終値の $\pm 2\%$（あるいは $\pm 5\%$）幅の中に応答がおさまり，ふたたびこの幅を超えなくなるまでの時間である．速応性と安定性とをともに評価する尺度である．

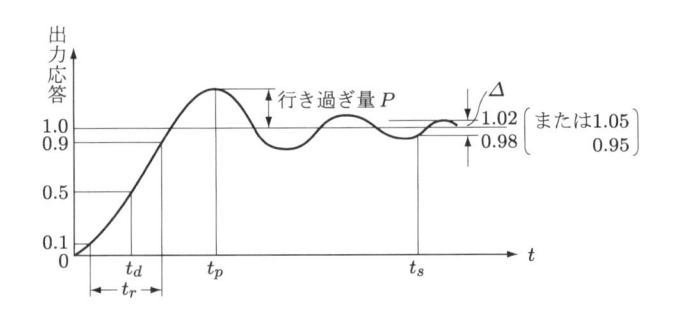

図 7.7 ステップ応答における過渡特性の評価尺度

7.3.2 閉ループ伝達関数が二次系の減衰特性

閉ループ伝達関数が，二次の場合のステップ応答に現れる減衰特性について検討する．$0 < \zeta < 1$ のとき，ステップ応答は次式で表せる．

7.3 フィードバック制御系の過渡特性

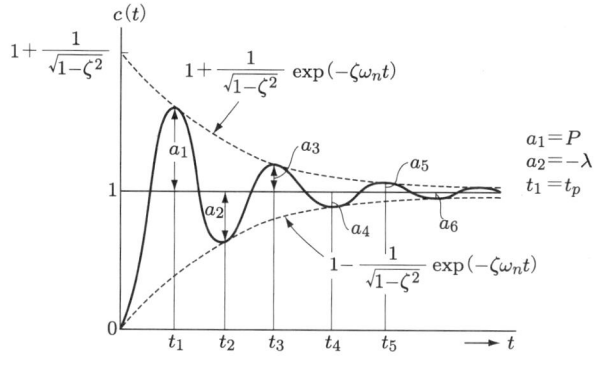

図 7.8 減衰振動

$$c(t) = \mathcal{L}^{-1}\left[\frac{\omega_n^2}{s(s^2 + 2\zeta\omega_n s + \omega_n^2)}\right] \qquad (7.13)$$

$$= 1 - \frac{1}{\sqrt{1-\zeta^2}}\exp(-\zeta\omega_n t)$$

$$\times \sin\left(\sqrt{1-\zeta^2}\,\omega_n t + \tan^{-1}\frac{\sqrt{1-\zeta^2}}{\zeta}\right) \qquad (7.14)$$

この式の第2項は正弦波の振動であるが,減衰項を持つ減衰振動で,図7.8のように示される.この振動の角周波数 ω は式 (7.14) よりただちに求まる.

$$\omega = \omega_n\sqrt{1-\zeta^2} \qquad (7.15)$$

この角周波数 ω は減衰係数 ζ が小さいほど高くなり,これを**減衰固有角周波数**という. $\zeta = 0$ のとき,すなわち減衰がないとき $\omega = \omega_n$ であるので,固有角周波数 ω_n を非減衰固有角周波数ということがある.

行き過ぎ量の最大値を求めるため,式 (7.14) を t で微分して 0 と置くと,

$$\frac{\zeta\omega_n}{\sqrt{1-\zeta^2}}\exp(-\zeta\omega_n t)\sin\left(\omega t + \tan^{-1}\frac{\sqrt{1-\zeta^2}}{\zeta}\right)$$

$$- \frac{\sqrt{1-\zeta^2}\,\omega_n}{\sqrt{1-\zeta^2}}\exp(-\zeta\omega_n t)\cos\left(\omega t + \tan^{-1}\frac{\sqrt{1-\zeta^2}}{\zeta}\right) = 0$$

これより，

$$\tan\left(\omega t + \tan^{-1}\frac{\sqrt{1-\zeta^2}}{\zeta}\right) = \frac{\sqrt{1-\zeta^2}}{\zeta} \tag{7.16}$$

この式が成り立つためには，

$$\omega t = n\pi \quad (n = 0,\ 1,\ 2,\ \cdots) \tag{7.17}$$

式 (7.17) と式 (7.15) より，極大または極小をとる時点は次のようになる．

$$t = \frac{n\pi}{\omega_n\sqrt{1-\zeta^2}} \tag{7.18}$$

$n=1$ のときの t_1 が行き過ぎ時間 t_p である．式 (7.18) の時点における振動の極値を a_n とすると，式 (7.14) の第 2 項より，

$$\begin{aligned}
a_n &= \frac{-1}{\sqrt{1-\zeta^2}}\exp\left(\frac{-n\pi\zeta}{\sqrt{1-\zeta^2}}\right)\sin\left(n\pi t + \tan^{-1}\frac{\sqrt{1-\zeta^2}}{\zeta}\right) \\
&= (-1)^{n+1}\exp\left(\frac{-n\pi\zeta}{\sqrt{1-\zeta^2}}\right)
\end{aligned} \tag{7.19}$$

このように，a_n は ζ だけの関数である．a_1 は行き過ぎ量 P である．

$$P = a_1 = \exp\left(\frac{-\pi\zeta}{\sqrt{1-\zeta^2}}\right) \tag{7.20}$$

a_n と a_{n+2} の比をとると，次式のような n を含まない一定値となる．

$$\lambda = \frac{a_{n+2}}{a_n} = \exp\left(\frac{-2\pi\zeta}{\sqrt{1-\zeta^2}}\right) = \frac{a_3}{a_1} = \frac{a_4}{a_2} = \frac{a_5}{a_3} = \frac{a_6}{a_4} = \cdots \tag{7.21}$$

この λ を**振幅減衰比**といい，1 サイクル間の振幅の**減衰率**を示す．式 (7.19) と式 (7.20) および式 (7.21) を比較すると，次式が成立することがわかる．

$$\lambda = -a_2 = P^2 \tag{7.22}$$

図 7.9 に，P と λ と ζ の関係を示す．

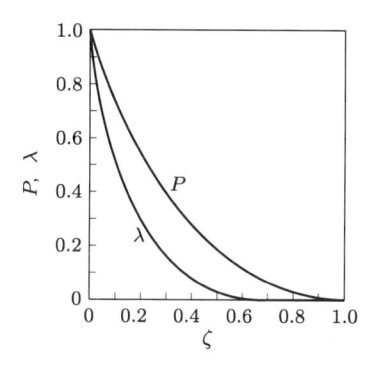

図 7.9 ζ と P, λ との関係

二次系の整定時間 t_s は，次のように求められる．すなわち，ステップ応答の n 番目の振幅は式 (7.19) で与えられ，これが定められた許容範囲 Δ に等しくなる時点を考えると，その点までの時間が整定時間 t_s になる．よって，

$$|a_n| = \exp\left(\frac{-n\pi\zeta}{\sqrt{1-\zeta^2}}\right) = \Delta \tag{7.23}$$

$$\therefore \quad n = \frac{\sqrt{1-\zeta^2}}{\pi\zeta}\ln\frac{1}{\Delta} \quad (\ln \text{は自然対数}) \tag{7.24}$$

半周期は $\pi/\omega_n\sqrt{1-\zeta^2}$ であるから，

$$t_s = \frac{n\pi}{\omega_n\sqrt{1-\zeta^2}} = \frac{1}{\zeta\omega_n}\ln\frac{1}{\Delta} \tag{7.25}$$

式 (7.25) は整定時間 t_s を与える式であるが，一般に整定時間はその応答がおさまる幅として許容範囲 Δ が 2% の場合と，5% の場合がある．これらを考慮して，それぞれの場合の近似式は次のように求められる．

$$\left.\begin{array}{ll} \Delta = 2\% \text{ の場合} & t_s \simeq \dfrac{4}{\zeta\omega_n} \\[2mm] \Delta = 5\% \text{ の場合} & t_s \simeq \dfrac{3}{\zeta\omega_n} \end{array}\right\} \tag{7.26}$$

式 (7.14) における振幅の減衰は $\exp(-\zeta\omega_n t)$ によって決定される．ま

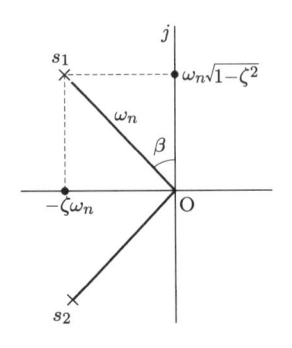

図 7.10 特性根の位置とパラメータ

た，行き過ぎ量 P，行き過ぎ時間 t_p，振幅減衰比 λ などはいずれも ζ と ω_n に関係する量である．したがって，固有角周波数 ω_n や減衰係数 ζ も減衰性や速応性に関連するパラメータであることがわかる．

$$s^2 + 2\zeta\omega_n s + \omega_n^2 = 0 \tag{7.27}$$

の根 s_1, s_2 は，$0 < \zeta < 1$ のときは複素根である．

$$s_1, s_2 = -\zeta\omega_n \pm j\omega_n\sqrt{1-\zeta^2} \tag{7.28}$$

複素平面上におけるこれらの位置関係は，図 7.10 のようになる．この図からわかるように，根の実部は減衰を，虚部は式 (7.15) より減衰固有角周波数 ω，原点から複素根 s_1, s_2 に至る距離は ω_n なる（非減衰）固有角周波数を，虚軸が原点と複素根を結ぶ線分となす角 β は，

$$\beta = \sin^{-1}\zeta \tag{7.29}$$

で，減衰係数 ζ を指定すれば決まり，複素共役根の位置や存在範囲を指定することができる．

7.3.3 高次制御系における過渡応答の取り扱い

フィードバック制御系における特性方程式の根すなわち特性根は一般に複素根で与えられるが，**高次制御系**の場合，いくつかの特性根のうち，一対の複素根（振動根）のみが過渡特性に大きな影響を及ぼし，その他のすべての特性根

はあまり影響を及ぼさないことが少なくない．このような高次制御系は，一対の複素根を持つ二次制御系に近似することができる．

このように，応答を近似できる代表的な一対の複素根を**代表（特性）根**という．系に最も影響を及ぼすということは，最も応答が遅く，最後まで過渡状態として残る成分で，これは，最も虚軸に近い特性根にほかならない．したがって，この成分に注目して速応性と安定性を検討すればよい．

【例題 7.4】 開ループ伝達関数 $G(s)$ が，次のように与えられる直結フィードバック系の減衰係数 ζ, 固有角周波数 ω_n を求め，さらに行き過ぎ量 P と行き過ぎ時間 t_p を求めよ．

$$G(s) = \frac{96}{s(s+8)}$$

【解】 系の特性方程式 $1 + G(s) = 0$ は，次のようになる．

$$s^2 + 8s + 96 = 0$$

よって，

$$\omega_n = \sqrt{96} \simeq 9.79 \quad [\text{rad/s}]$$

$$\zeta = \frac{8}{2\sqrt{96}} \simeq 0.41$$

図 7.9 を用いて，$\zeta = 0.41$ に対する $P = 0.24$ と読み取る．あるいは，式 (7.20) を用いて計算する．また，式 (7.18) を用いて t_p を求める．

$$\omega = \omega_n \sqrt{1 - \zeta^2} = 9.79\sqrt{1 - 0.41^2} \simeq 8.93$$

$$\therefore \quad t_p = \frac{\pi}{\omega_n}\sqrt{1 - \zeta^2} = \frac{\pi}{\omega} \simeq 0.35 \quad [\text{s}]$$

7.3.4 周波数応答法による過渡特性の評価

開ループ周波数特性上で定義された位相余裕，ゲイン余裕については安定度（同時に応答のよさを示す減衰性）の尺度として 6.4 節ですでに述べた．閉ループ周波数特性上での安定度の尺度としては**共振値** M_p がある．M_p は，図 7.11 に示すように閉ループ周波数特性のゲインの最大値である．

いま，開ループ伝達関数（一巡伝達関数）$G(s)$ が次式で与えられるとする．

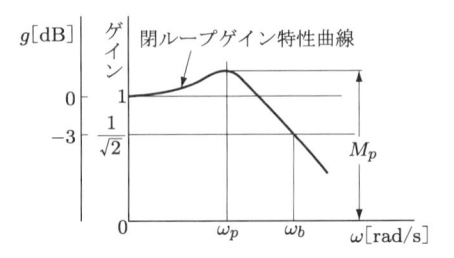

図 7.11 閉ループゲイン特性曲線における M_p, ω_p, ω_b

$$G(s) = \frac{K}{s(1 + sT)} \quad (7.30)$$

ここで,

$$\omega_n = \sqrt{\frac{K}{T}}, \quad \zeta = \frac{1}{2\sqrt{KT}}$$

と置くと,式 (7.30) は次のようになる.

$$G(s) = \frac{\omega_n^2}{s^2 + 2\zeta\omega_n s} \quad (7.31)$$

したがって,開ループ周波数応答の大きさと位相は,$s = j\omega$ として

$$|G(j\omega)| = \frac{1}{\sqrt{\left(\frac{\omega}{\omega_n}\right)^4 + 4\zeta^2\left(\frac{\omega}{\omega_n}\right)^2}} \quad (7.32)$$

$$\angle G(j\omega) = -90° - \tan^{-1}\frac{(\omega/\omega_n)}{2\zeta} \quad (7.33)$$

となる.

$|G(j\omega)|$ が 1 (0 dB) のときの周波数はゲイン交差角周波数 ω_{cg} となり,式 (7.32) の値を 1 としたときの値で,次式で与えられる.

$$\omega_{cg} = \omega_n\sqrt{\sqrt{4\zeta^4 + 1} - 2\zeta^2} \quad (7.34)$$

そのときの位相余裕 ϕ_m は，

$$\phi_m = 180° - 90° - \tan^{-1}\frac{(\omega/\omega_n)}{2\zeta}$$
$$= 90° - \tan^{-1}\sqrt{\frac{1}{4}\sqrt{4 + \frac{1}{\zeta^4}} - \frac{1}{2}} \qquad (7.35)$$

となる．

また，式 (7.31) の開ループ伝達関数を持つ閉ループの伝達関数 $W(s)$ は，

$$W(s) = \frac{G(s)}{1 + G(s)} = \frac{\omega_n{}^2}{s^2 + 2\zeta\omega_n s + \omega_n{}^2} \qquad (7.36)$$

よって，閉ループ周波数応答の大きさ $|W(j\omega)|$ は次のようになる．

$$|W(j\omega)| = \frac{1}{[\{1 - (\omega/\omega_n)^2\}^2 + 4\zeta^2(\omega/\omega_n)^2]^{\frac{1}{2}}} \qquad (7.37)$$

$|W(j\omega)|$ が極値をとるための条件は，

$$\frac{d(1/|W(j\omega)|^2)}{d(\omega/\omega_n)^2} = 4\zeta^2 - 2 + 2\left(\frac{\omega}{\omega_n}\right)^2 = 0$$

これから共振角周波数 ω_p，およびそのときの共振値 M_p は，

$$\omega_p = \omega_n\sqrt{1 - 2\zeta^2} \qquad (7.38)$$
$$M_p = |W(j\omega_p)| = \frac{1}{2\zeta\sqrt{1-\zeta^2}} \qquad (7.39)$$

となる．逆に，共振値 M_p から減衰係数 ζ は次のように求まる．

$$\zeta = \sqrt{\frac{1}{2}(1 - \sqrt{1 - 1/M_p{}^2})} \qquad (7.40)$$

また，遮断角周波数（帯域幅）ω_b において，$|W(j\omega_b)| = 1/\sqrt{2}$（図7.11）であるから，式 (7.37) を用いて ω_b は次のように求められる．

$$\omega_b = \omega_n\sqrt{\sqrt{(1-2\zeta^2)^2 + 1} + (1-2\zeta^2)} \qquad (7.41)$$

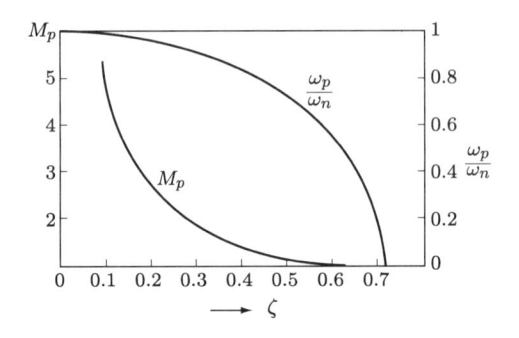

図 7.12 ζ と M_p, ω_p/ω_n の関係

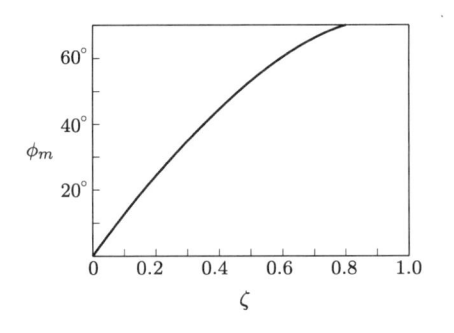

図 7.13 ζ と ϕ_m の関係

図 7.12, 7.13 に ζ と M_p, ω_p および ϕ_m の関係を示す．M_p は大きすぎると安定性が悪くなるが，多くの経験からほぼ，$1.1 < M_p < 1.5$ 程度がよいとされている．そのときの ζ は，0.3〜0.5 程度とされる．

以上の方法により，周波数応答を数値計算より求めたが，繁雑であるのでこれを図を用いて実用的に求める方法について考える．すなわちニコルス線図を用いる方法である．

7.3.5 ニコルス線図

直結フィードバック系において，開ループ周波数伝達関数を $G(j\omega)$ とすると，閉ループ周波数伝達関数 $W(j\omega)$ は，そのゲインと位相を $M(\omega)$, $N(\omega)$ とすると，

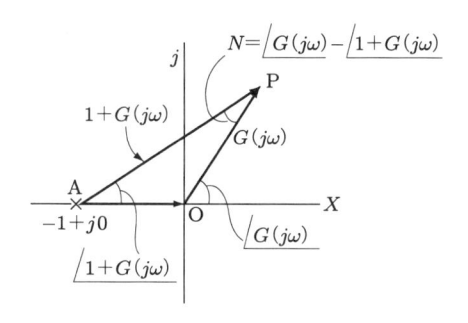

図 7.14　$G(j\omega)$ と $1+G(j\omega)$ のベクトル

$$W(j\omega) = \frac{G(j\omega)}{1+G(j\omega)} = \left|\frac{G(j\omega)}{1+G(j\omega)}\right| e^{j\phi} = M(\omega) e^{jN(\omega)} \quad (7.42)$$

図 7.14 において，$G(j\omega)$ のベクトルは $\overrightarrow{OP}$，$-1+j0$ のベクトルは $\overrightarrow{OA}$ とすると，

$$\overrightarrow{AP} = \overrightarrow{AO} + \overrightarrow{OP} = 1 + G(j\omega) \quad (7.43)$$

したがって，

$$W(j\omega) = \frac{\overrightarrow{OP}}{\overrightarrow{AP}} = M(\omega) e^{jN(\omega)} \quad (7.44)$$

これから，

$$M(\omega) = \frac{\overrightarrow{OP}}{\overrightarrow{AP}} \quad (7.45)$$

$$N(\omega) = \angle\text{XOP} - \angle\text{XAP} = \angle\text{APO} \quad (7.46)$$

式 (7.45) および式 (7.46) における大きさ M，および位相角 N を一定とする P 点の軌跡はそれぞれ円となる．いろいろな値の M および N について図 7.15(a)，(b) のようにそれぞれ円群を描いておけば，$G(j\omega)$ をその図上にプロットすることによって，ただちに $W(j\omega)$ の大きさ M と，位相角 N をそれぞれの ω に対して求めることができる．

しかし，フィードバック制御系の設計では，いろいろな ω に対するすべての

(a) Mの軌跡

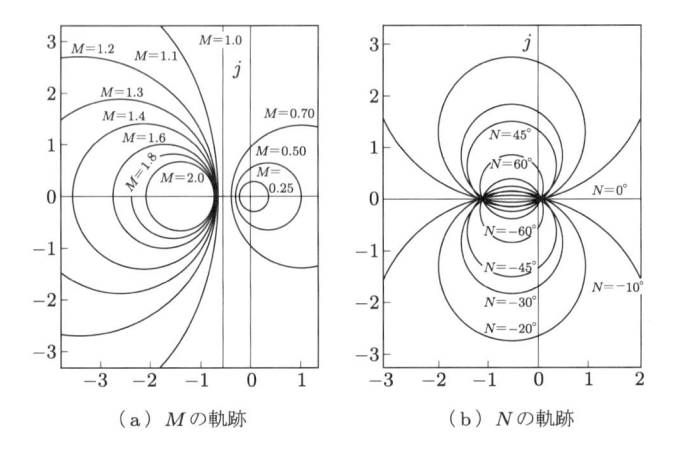

(b) Nの軌跡

図 7.15　M と N の軌跡

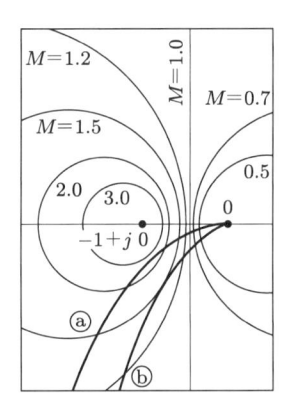

図 7.16　M_p の決定法

M と N とを求める必要はなく，共振値 M_p の値を知りたいことが多い．例えば，図 7.16 中のⓐのように，フィードバック制御系の閉ループ周波数応答が $M_p = 1.5$ が望まれる共振値と仮定するとき，この M は図の $M = 1.5$ の軌跡より内側にあるので，いずれかの方法でⓑのように $M = 1.5$ に接するよう変更する必要がある．このように，フィードバック制御系の M が望ましい値より大きいか小さいかにより望ましい M_p の値になるよう対策をとることが多い．

以上の原理的な説明では，円群をベクトル軌跡上に描いたが，実用的な線図

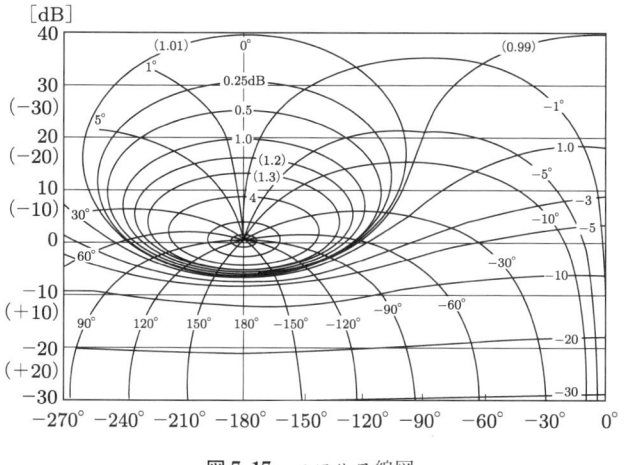

[dB]のニコルス線図（図7.17）

図 7.17 ニコルス線図

は図 7.17 に示すように，**ニコルス線図**といい，図 7.15(a)，(b) を，縦軸がゲイン，横軸が位相角のゲイン−位相平面上に，ゲイン曲線群，位相曲線群を写像している．

ボード線図上から $G(j\omega)$ の周波数特性を，ω_1 についてゲインと位相を読み取ってニコルス線図上に移す．これを操り返すと，ニコルス線図上に $G(j\omega)$ 曲線が得られる．この曲線が通る最大の M（中心に近い M）の値が共振値 M_p で，そのときの ω の値が共振角周波数 ω_p である．

【例題 7.5】 開ループ伝達関数を $G(s)$ とする直結閉ループ系がある．

$$G(s) = \frac{K}{s(1+0.2s)(1+0.05s)}$$

（1） 共振値 $M_p = 1.2$ となるような K の値を決定せよ．
（2） そのときの減衰係数 ζ を求めよ．
（3） 位相余裕 ϕ_m とゲイン余裕 g_m はいくらか．

【解】 まず，$K=1$ としたときのボード線図を図 7.18 に描く．ここでは折線近似を用いる．ゲイン特性曲線 g_0 の折点周波数は，$1/0.2=5$ と $1/0.05=20$ である．それぞれの位相特性曲線が ϕ_1 と ϕ_2 で，その合成が ϕ である．この g_0 と ϕ を ω について読み取り，ニコルス線図上に重ねる（図 7.19）．

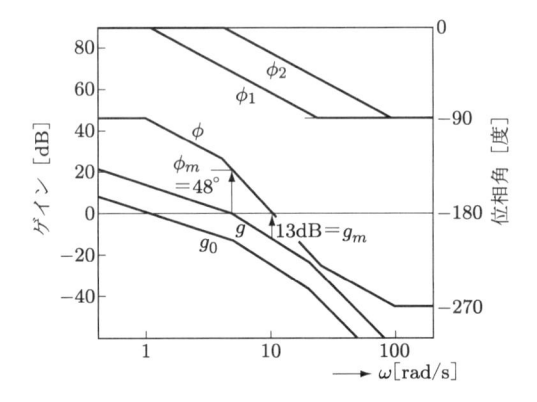

図7.18 例題7.5のボード線図

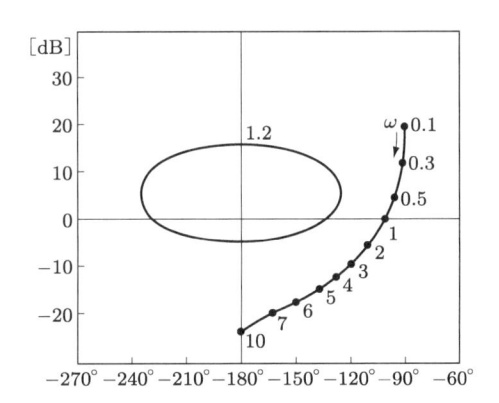

図7.19 ボード線図から求めた ω につきニコルス線図上にプロットした図

(1) $M_p = 1.2$ と接するためには，ゲイン軸を移動させて 14[dB] を必要とする．

$$14\,\text{dB} = 5 = K$$

よって，ゲイン定数は 5 である．

(2) 図7.12 あるいは，式 (7.40) より，$M_p = 1.2$ のときの $\zeta = 0.47$ が近似的に求められる．

(3) ボード線図上，ゲインを 14 dB 上げたときのゲイン特性曲線が g で，

$$g_m = 13 \text{ dB}, \quad \phi_m = 48°$$

が得られる．

練習問題 7

1. 開ループ伝達関数が次のように与えられるとき，直結フィードバック系における定常偏差を求めよ．ただし，入力信号は $1/s$ と $2/s^2$ とする．
   (1) $G(s) = 32/(1+0.2s)(1+4s)$
   (2) $G(s) = K/s(1+0.2s)(1+3s)$
2. 開ループ伝達関数が $G(s) = 40/s(1+0.4s)$ であるとき，入力信号として $t \geq 0$ において，$r(t) = 5 + 2t + t^2$ で与えられる直結フィードバック系における定常偏差を求めよ．
3. 開ループ伝達関数が，$G(s) = K\omega_0^2/(s^2 + 2\zeta_0\omega_0 s + \omega_0^2)$ で与えられる直結フィードバック系における閉ループ伝達関数の減衰係数 ζ，固有角周波数 ω_n および許容範囲が 2% のときの整定時間 t_s を求めよ．
4. 前向き要素が，$G(s) = 100/s(s+5)$ である直結フィードバック系の減衰係数 ζ と帯域幅 ω_b はいくらか．
5. 開ループ伝達関数が，$G(s) = K/s(s+a)$ で与えられる直結フィードバック系がある．この系においてステップ応答の行き過ぎ量が 10% 以下で，できるだけ速く応答し 2% の許容範囲における整定時間が 4 秒以下になるような K と a を求めよ．
6. 開ループ伝達関数 $G(s) = K/s(1+0.5s)$ を持つ直結フィードバック系において，
   (1) 減衰係数 ζ を 0.2 から 0.7 まで変化させる．
   (2) 行き過ぎ量 P を 80% から 20% に減少させる．
   このとき，ゲイン K はそれぞれ何倍にすべきか．
7. 開ループ伝達関数 $G(s) = K/s(Ts+1)$ で与えられる直結フィードバック系がある．ゲイン定数 K，時定数 T により，この系の共振値 M_p，共振角周波数 ω_p はどのように表現されるか．
8. 開ループ伝達関数が次で表現される直結フィードバック系において，$M_p = 1.3$ となるような K をニコルス線図を用いて求めよ．
   (1) $G(s) = K/s(s+1)$
   (2) $G(s) = K/s(s+1)(s+4)$

第8章
根軌跡法

　フィードバック制御系の過渡応答を求めるのは実際には容易でない．根軌跡法は，フィードバック制御系の特性根を開ループ伝達関数から図的な方法により求める方法で，高次制御系における過渡特性を求める上で有用である．ほかの多くが周波数応答法であるので，特色のある解析法である．本章では主として例題により根軌跡の描き方を学ぶ．

　フィードバック制御系における制御動作の時間的経過に関する特性の代表的なものは，過渡特性と周波数特性である．過渡特性は系の特性根によって決まるが，特性方程式が高次系の場合には解を求めるのが容易でない．エヴァンス（W. R. Evans）は，直接特性方程式を解かないで，特性根を開ループ伝達関数から図的に求める方法を提案した．この方法を「根軌跡法」という．

8.1　根軌跡の定義

　根軌跡は，図 8.1 のフィードバック制御系で，開ループ伝達関数 $G(s)H(s)$ のゲイン定数 K を 0 から ∞ まで変化させたときに，フィードバック系の特性根が複素平面上に描く軌跡である．

　図 8.1 の制御系の特性方程式は，

$$1 + G(s)H(s) = 0 \tag{8.1}$$

図 8.1　フィードバック制御系

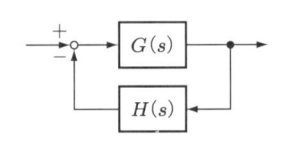

で，軌跡上の点は次の式を満足しなければならない．

$$G(s)H(s) = -1 + j0 \qquad (8.2)$$

これを極形式に変形すると，

$$G(s)H(s) = e^{jk\pi} \quad (k = \pm 1, \pm 3, \cdots) \qquad (8.3)$$

で，これはベクトルを表現する．したがって，ベクトルの大きさと位相に分解すると，

$$|G(s)H(s)| = 1 \qquad (8.4)$$
$$\angle G(s)H(s) = k\pi \quad (k = \pm 1, \pm 3, \cdots) \qquad (8.5)$$

式 (8.4) をゲイン条件，式 (8.5) を位相条件という．
特性方程式 $1 + G(s)H(s) = 0$ は次式で与えられる．

$$\begin{aligned}1 + G(s)H(s) &= 1 + \frac{K(s+z_1)(s+z_2)\cdots(s+z_m)}{(s+p_1)(s+p_2)\cdots(s+p_n)} \\ &= 0 \quad (n \geqq m)\end{aligned} \qquad (8.6)$$

これを，次のように変形する．

$$\frac{(s+p_1)(s+p_2)\cdots(s+p_n)}{(s+z_1)(s+z_2)\cdots(s+z_m)} = -K \qquad (8.7)$$

これをさらに変形して，

$$\frac{(s-(-p_1))(s-(-p_2))\cdots(s-(-p_n))}{(s-(-z_1))(s-(-z_2))\cdots(s-(-z_m))} = Ke^{jk\pi}$$
$$(k = \pm 1, \pm 3, \cdots) \qquad (8.8)$$

とすると，式 (8.8) は大きさ K，偏角 $k\pi$ ($k = \pm 1, \pm 3, \cdots$) とする図 8.2 に示すベクトルを表現している．また，$s = s_A$ とすると，$s - (-p_1)$ は極 p_1 から点 A (座標 s_A) へ引いたベクトルと考えることができ (図 8.3)，その大きさと偏角は，

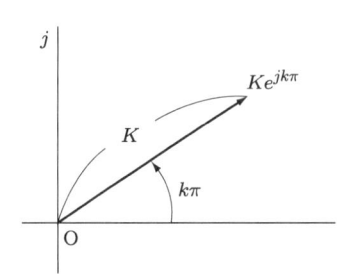

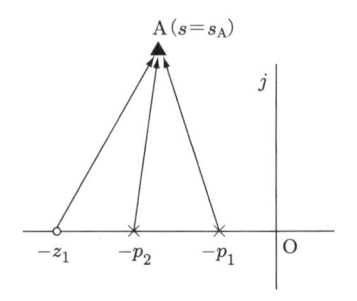

図 8.2 式 (8.8) を表現する ベクトル

図 8.3 極,ゼロ点から任意の点 A に引いたベクトル

大きさ　$|s_A - (-p_1)|$ 　　　　　　　　　　　　　(8.9)

偏　角　$\angle(s_A - (-p_1))$ 　　　　　　　　　　　(8.10)

となる.式 (8.8) のすべての項も,それぞれ極およびゼロ点から任意の点 A $(s = s_A)$ へ引いたベクトルを考え,これらの集合として,左辺全体のベクトルを計算すればよい.したがって,偏角すなわち位相条件およびゲイン条件は,次式で与えられる.

$$\angle(s_A - (-p_1)) + \angle(s_A - (-p_2)) + \cdots + \angle(s_A - (-p_n))$$
$$- \{\angle(s_A - (-z_1)) + \angle(s_A - (-z_2)) + \cdots + \angle(s_A - (-z_m))\}$$
$$= k\pi \quad (k = \pm 1, \pm 3, \cdots) \tag{8.11}$$

$$\frac{|s_A - (-p_1)||s_A - (-p_2)|\cdots|s_A - (-p_n)|}{|s_A - (-z_1)||s_A - (-z_2)|\cdots|s_A - (-z_m)|} = K \tag{8.12}$$

式 (8.11) を満足する点 s_A を s 平面上に見つけ,この点を連ねてゆけば根軌跡を描くことができる.すなわち,根軌跡は式 (8.12) で K を 0 から ∞ まで変化させたときの軌跡で,K にかかわらず式 (8.11) を満足していなければならない.したがって,根軌跡はこの位相条件によって決まることになる.この 2 式を満足する s の値が特性根となる.

【例題 8.1】 開ループ伝達関数が次式で与えられるとき根軌跡を求めよ.

$$G(s)H(s) = \frac{K}{s(1 + 0.2s)}$$

【解】 $G(s)H(s) = \dfrac{K/0.2}{s\left(s + \dfrac{1}{0.2}\right)} = \dfrac{5K}{s(s+5)}$ なので，極は 0 と -5 とにある．

（1） 実軸上で検討する．図 8.4 で点 A が O より右側にあるとき（A_1），

$$\left. \begin{array}{l} \angle OA_1 = 0 \\ \angle PA_1 = 0 \end{array} \right\} \quad ①$$

これは式 (8.11) の位相条件を満足していない．したがって根軌跡上の点ではない．

（2） 点 A を OP 間にとると（A_2），

$$\left. \begin{array}{l} \angle OA_2 = \pi \\ \angle PA_2 = 0 \end{array} \right\} \quad ②$$

角度の合計が式 (8.11) の位相条件を満足し，根軌跡となる．

（3） 点 A を P より左側にとると（A_3），

$$\left. \begin{array}{l} \angle OA_3 = \pi \\ \angle PA_3 = \pi \end{array} \right\} \quad ③$$

角度の合計は位相条件を満足していない．したがって根軌跡上の点ではない．

（4） 点 A を OP の垂直二等分線上にとると（図 8.5 の A_4），

$$\left. \begin{array}{l} \angle PA_4 = \theta \\ \angle OA_4 = \pi - \theta \end{array} \right\} \quad ④$$

角度の合計は位相条件を満足するので，根軌跡上の点となる．

　結局，極を始点とし，無限遠点を終点とする根軌跡となる．

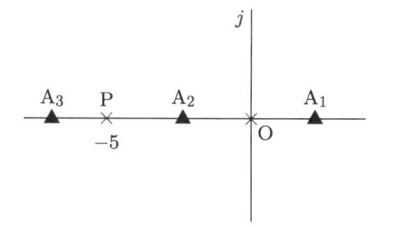

図 8.4　s 平面における極の配置と，根軌跡の設定の検討

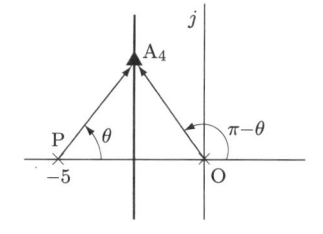

図 8.5　根軌跡の設定例

8.2 根軌跡の性質

根軌跡を描くための基本的な性質は，次の通りである(証明は省略)．これらを用いると，比較的簡単に根軌跡を求めることができる．

（1） 根軌跡は，系の開ループ伝達関数 $G(s)H(s)$ の極から出発し，ゼロ点および無限遠点に到達する．したがって，軌跡の数は極の数と同数となる．

（2） 根軌跡は，実軸に関して対称である．

（3） $G(s)H(s)$ の極とゼロ点が実軸上にあるとき，実軸上の根軌跡は極とゼロ点で分割される区間のうち，右側から奇数番目のものである（図 8.6）．

（4） 無限遠点に至る根軌跡の漸近線は，次式で表せる．ただし，実軸 σ，虚軸 $j\omega$ とし，σ_c は漸近線と実軸との交点とする．n, m は式 (8.6) による．

$$\omega = \tan\left(\frac{k\pi}{n-m}\right)(\sigma - \sigma_c) \quad (k = \pm 1, \pm 3, \cdots) \tag{8.13}$$

$$\sigma_c = \frac{1}{n-m}\left(\sum_{i=1}^{n} p_i - \sum_{j=1}^{m} z_j\right) \tag{8.14}$$

（5） 複素根軌跡の実軸からの分岐点（および実軸へ入る点）s_b では，

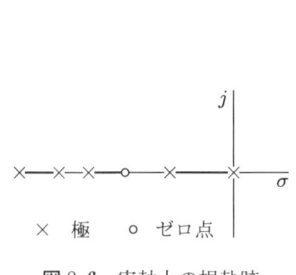

図 8.6 実軸上の根軌跡

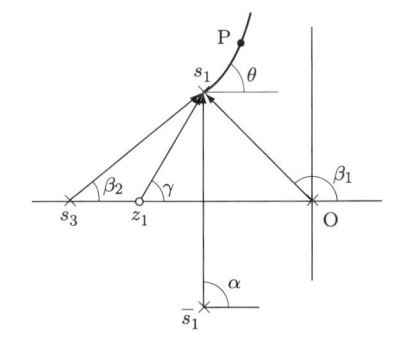

図 8.7 複素極から出発する根軌跡例

$$\sum_{i=1}^{n}\frac{1}{s_b-p_i}=\sum_{j=1}^{m}\frac{1}{s_b-z_j} \qquad (8.15)$$

が成り立つ．s_b では特性根は重根である．

(6) 根軌跡が複素極 p_1 から出発したり，到達する角度 θ (図 8.7) は，次のように考えて計算する．すなわち，複素極 s_1 から出発する根軌跡の角度 θ は，s_1 の近傍において根軌跡上にある P 点を考え，ほかの極およびゼロ点から点 P に引いたベクトルは，それらの点から極 s_1 に引いたベクトルとほとんど同じであるので，それにおき替えることができる．図 8.7 において点 P が根軌跡上にあるための条件は，

$$\theta = k\pi - (\alpha + \beta_1 + \beta_2) + \gamma \qquad (8.16)$$

が得られる．

ゼロ点に進入するときの角度もまったく同じような考え方で求め得る．

(7) 根軌跡と虚軸との交点は，ラウス・フルビィッツの安定判別法によって安定限界条件より求めることができる．

【例題 8.2】 開ループ伝達関数が次式で与えられるとき，根軌跡を描け．

$$G(s)H(s)=\frac{K}{s(s+1)(s+5)}$$

【解】 $G(s)H(s)$ の極は，$p_1=0$，$p_2=-1$，$p_3=-5$ で，ゼロ点はない．したがって，$n=3$，$m=0$ で，極をプロットすると図 8.8 のようになる．軌跡が存在するのは性質 (3) により太線部分である．

式 (8.13)，(8.14) により根軌跡の交点 σ_c と，漸近線 ω とを求める．

$$\sigma_c = \frac{1}{n-m}(p_1+p_2+p_3)$$

$$=\frac{1}{3}(0-1-5)=-2 \qquad ①$$

$$\therefore\ \omega=\tan\left(\frac{k\pi}{n-m}\right)(\sigma-\sigma_c)=\tan\left(\frac{k\pi}{3}\right)(\sigma+2)$$

$$k=\pm 1,\pm 3 \qquad ②$$

これより，$\sigma_c=-2$ より出る 3 本の漸近線の実軸とのなす角は，$\pm\pi/3$，$\pm\pi$

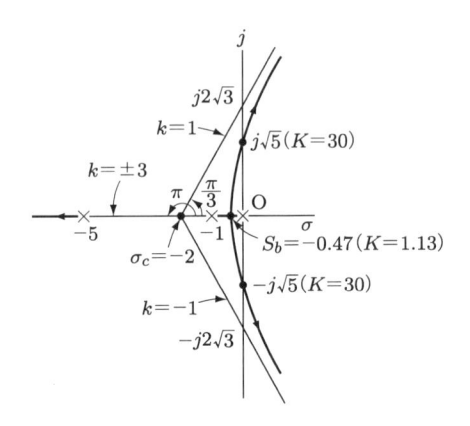

図 8.8 $G(s)H(s) = \dfrac{K}{s(s+1)(s+5)}$ の根軌跡

となる．根軌跡と実軸からの分岐点は，式 (8.15) より，

$$\frac{1}{s_b} + \frac{1}{s_b+1} + \frac{1}{s_b+5} = 0 \qquad ③$$

$$\therefore\ 3s_b{}^2 + 12s_b + 5 = 0 \qquad ④$$

これを解くと，

$$s_b = -3.53 \quad \text{または，} \quad -0.47 \qquad ⑤$$

の 2 点が得られるが，図 8.8 より分岐点は 0 と -2 の間にあることがわかっているので，$s_b = -0.47$ が分岐点である．この点における K の値は式 (8.1) より，

$$1 + \frac{K}{s_b(s_b+1)(s_b+5)} = 0 \qquad ⑥$$

$$\therefore\ s_b(s_b+1)(s_b+5) + K = 0 \qquad ⑦$$

$$\begin{aligned}
K &= -s_b(s_b+1)(s_b+5) \\
&= -(-0.47)(-0.47+1)(-0.47+5) \\
&= 1.13
\end{aligned} \qquad ⑧$$

となる．式 (8.12) より求めても同じ値となる．

　根軌跡と虚軸との交点は，この系の特性方程式は⑥，⑦で s_b を s としたもので，これから，ラウスの表は次のようになる．

$$s^3 + 6s^2 + 5s + K = 0$$

$$\begin{array}{c|cc} s^3 & 1 & 5 \\ s^2 & 6 & K \\ s^1 & 5 - \dfrac{K}{6} & \\ s^0 & K & \end{array}$$

根軌跡が虚軸を切るとき，特性根は虚根で，安定と不安定の限界にある．そのとき，ラウスの表の s^1 の行は 0 となるので，

$$5 - \frac{K}{6} = 0 \qquad \text{⑨}$$

が成立するはずで，そのときの K の値は，

$$K = 30 \qquad \text{⑩}$$

となる．s^1 の行が 0 となると，その一つ上の s^2 の行を用いて補助方程式

$$6s^2 + K = 6s^2 + 30 = 0 \qquad \text{⑪}$$

を得るので，これを解くことによって求める交点は次のようになる．

$$s = \pm\sqrt{5}j \qquad \text{⑫}$$

以上を総合して，根軌跡の概形が描ける．$K > 30$ で系は不安定になる（このことは，演習問題 6 の 2(2) の結果と一致している．）．なお，軌跡上の K のパラメータは，根軌跡上の 1 点と各極，ゼロ点間の距離を測り，式 (8.12) のゲイン条件式，この場合，

$$|s| \cdot |s+1| \cdot |s+5| = K \qquad \text{⑬}$$

により計算しなければならない．

【例題 8.3】 開ループ伝達関数が次式で与えられるとき，根軌跡を描け．

$$G(s)H(s) = \frac{K(s+1)}{s(s+2)(s^2 + 2s + 2)}$$

【解】 極とゼロ点は，$p_1 = 0$, $p_2 = -2$, $p_3 = -1 + j$, $p_4 = -1 - j$, $z_1 = -1$, $n = 4$, $m = 1$. したがって，$n - m = 4 - 1 = 3$ で，3 本の漸近線を有する．その交点 σ_c と，漸近線 ω とは次のようになる．

$$\sigma_c = \frac{1}{n-m}\{\sum p_i - \sum z_i\}$$
$$= \frac{1}{4-1}\{0 - 2 - 1 + j - 1 - j - (-1)\}$$
$$= -1$$
$$\therefore \quad \omega = \tan\left(\frac{k\pi}{n-m}\right)(\sigma - \sigma_c)$$
$$= \tan\left(\frac{k\pi}{3}\right)(\sigma + 1)$$
$$k = \pm 1, \pm 3$$

$\sigma_c = -1$ より出る 3 本の漸近線の実軸とのなす角は $\pm \pi/3, \pm \pi$ となる. 式 (8.15) を満足する複素根軌跡の実軸からの分岐点はない.

$(-1+j)$ の複素極から出発する方向は, 式 (8.16) より,

$$\alpha = k\pi - \left(\frac{3}{4}\pi + \frac{\pi}{4} + \frac{\pi}{2}\right) + \frac{\pi}{2}$$
$$k = \pm 1, \pm 3$$

これより, $\alpha = 0$ となり, $-1+j$ の点から実軸に平行に出発する.

複素極から出発した根軌跡が虚軸と交わる点をラウスの表より求める. 特性方程式は次式で与えられる.

$$s^4 + 4s^3 + 6s^2 + (4+K)s + K = 0$$

したがって, ラウスの表は,

s^4	1	6	K
s^3	4	$4+K$	
s^2	$5 - \dfrac{K}{4}$	K	
s^1	A		
s^0	K		

ここに, $A = 4 + K - \dfrac{4K}{5 - K/4}$

$A = 0$ のとき, $K^2 = 80$ $\therefore K = \sqrt{80} = 4\sqrt{5}$

このとき, s^2 行の補助方程式は,

$$\left(5 - \frac{K}{4}\right)s^2 + K = 0$$

補助方程式に K の値を代入して解くと

$$s = \pm j1.79$$

となる.

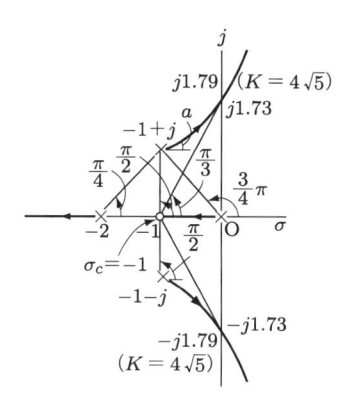

図 8.9　$G(s)H(s) = \dfrac{K(s+1)}{s(s+2)(s^2+2s+2)}$ の根軌跡

漸近線が虚軸と交わる点は $\pm j1.73$ であるから，根軌跡は図 8.9 のように与えられる．

練習問題 8

1. 開ループ伝達関数が，$G(s) = K/s^2(s+1)$ のとき根軌跡の概形を描け．
2. 例題 8.1 の開ループ伝達関数 $G(s)H(s)$ に，ゼロ点 $z = -2$ が加わると根軌跡はどのように変化するか．
3. 例題 8.2 の $G(s)H(s)$ に，極 $p = -2$ が加わると根軌跡はどうなるか．
4. 例題 8.2 の $G(s)H(s)$ に，伝達関数 $(s+1)/(s+10)$ が直列に挿入されると根軌跡はどのようになるか．

第9章 フィードバック制御系の特性補償

フィードバック制御系が，所望の制御特性を満足するように，制御要素により特性の改善を行うことを特性補償という．この場合の制御要素が補償要素である．

本章では，直列補償について，実例により，位相おくれ回路，位相進み回路，おくれ進み回路の特徴を学ぶとともに，特性補償について学ぶ．

9.1 特性補償

フィードバック制御系では，応答の形が目標値に近いことが望まれるが，一般には与えられたフィードバック系の応答は，そのままでは望ましい応答を得ることはできない．この場合，何らかの方法によりその応答を改善する必要がある．このように，特性の改善を行うことを一般に**特性補償**という．特性補償の方法として広く用いられているのに，**直列補償**と**並列補償**とがある．

図9.1は，安定な系におけるステップ応答の様子を示す．いずれの応答も，時間が十分経過すれば定常的な値に落ち着く．①と③は安定ではあるが，定常値に落ち着くのに時間がかかるので必ずしもよい応答とはいえない．これに対

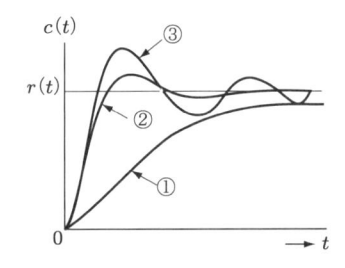

図 9.1　安定な系のステップ応答

し，②は安定で，しかも比較的速く目標値に達するのでよい応答である．

フィードバック制御系では，安定であるとともに，過渡応答がよいことが要求される．特性補償はこの両面の改善を目的としている．

9.2　直列補償と並列補償

特性補償の方法にはいろいろあるが，最も広く用いられる方法は補償回路を挿入する方法で，挿入方法により直列補償法と並列補償法とがある．

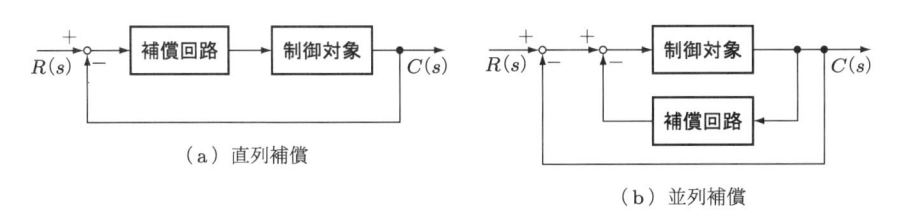

（a）直列補償

（b）並列補償

図 9.2　特性補償の方式

直列補償法は図 9.2(a) に示すように，閉ループの主回路に適当な周波数特性を持つ補償回路を直列に挿入する方法で，**カスケード補償法**ともいう．並列補償法は，図 9.2(b) に示すように，系の一部の制御要素に局部的にフィードバックを施し，系の開ループ伝達関数を望みの特性にする方法で，**フィードバック補償法**ともいわれる．直列補償法と並列補償法の補償の効果は，いずれの方法にも長所・短所があり，いずれを選ぶかは，補償すべき要素の性質，用いられる信号の性質などによって決める．

直列補償回路の挿入箇所は，パワーレベルの低い所，例えば増幅器の入力側に入れるのが普通である．補償回路としては**位相おくれ回路**，**位相進み回路**，あるいは**おくれ・進み回路**などがある．いずれも抵抗とキャパシタンスで構成されている．

9.3　位相おくれ回路

位相おくれ補償回路は図 9.3 に示される回路で，すべての周波数の値に対して位相が常に負になり，ゲイン特性は高い周波数範囲で減衰する性質を持つ．

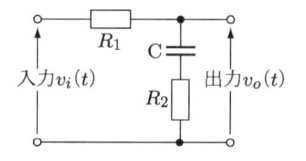

図 9.3 位相おくれ回路

一般に,位相おくれ回路によってフィードバック制御系を補償した場合,次の特徴をもつ.
① 系の定常ゲインを大きくとることができる.
② 定常偏差は減少し,精度を向上させることができる.
③ 速応性が減少するという欠点を持つ.
④ 高周波域が遮断されるので,ノイズ対策に有利である.

伝達関数は,次のようになる.

$$G(s) = \frac{V_o(s)}{V_i(s)} = \frac{R_2 + \dfrac{1}{sC}}{R_1 + R_2 + \dfrac{1}{sC}} = \frac{1 + sCR_2}{1 + sC(R_1 + R_2)} \qquad (9.1)$$

ここで,時定数 T_1,T_2 を式 (9.2) のようにすると,式 (9.1) は式 (9.3) となる.

$$T_1 = CR_2, \quad T_2 = C(R_1 + R_2) \qquad (9.2)$$

$$G(s) = \frac{1 + sT_1}{1 + sT_2} \qquad (9.3)$$

この回路のステップ応答 $v_o(t)$ は,次のようになる.

$$\begin{aligned}
v_o(t) &= \mathcal{L}^{-1}[V_o(s)] = \mathcal{L}^{-1}\left[G(s) \cdot \frac{1}{s}\right] = \mathcal{L}^{-1}\left[\frac{1 + sT_1}{1 + sT_2} \cdot \frac{1}{s}\right] \\
&= \mathcal{L}^{-1}\left[\frac{1}{s} - \frac{T_2 - T_1}{T_2} \cdot \frac{1}{s + \dfrac{1}{T_2}}\right] \\
&= 1 - \frac{T_2 - T_1}{T_2} e^{-\frac{1}{T_2}t} = 1 - \frac{R_1}{R_1 + R_2} e^{-\frac{1}{C(R_1 + R_2)}t} \qquad (9.4)
\end{aligned}$$

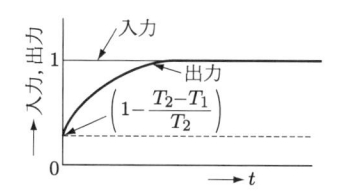

図 9.4 位相おくれ回路のステップ応答

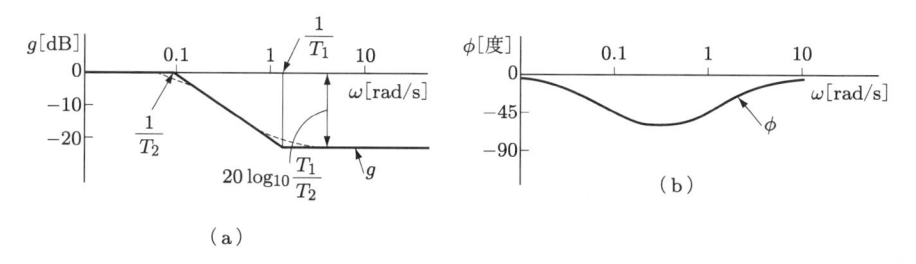

図 9.5 位相おくれ回路のボード線図

これを図示すると図 9.4 のようになる．図からわかるように，位相おくれ回路の出力は，入力に比例する部分と，一次おくれの応答を示す部分とが加わった形となっている．したがって，この回路で系を補償したとき，立上り時間が大きくなる傾向となることがわかる．

位相おくれ回路をボード線図に描くと，図 9.5 のようになる．これは，式 (9.3) における $1 + sT_1$ と $1 + sT_2$ とを別々に描いて合成すれば得られる．したがって，折点周波数が $1/T_1$ と $1/T_2$ の 2 点あるが，常に $1/T_1 > 1/T_2$ の関係にある．ゲイン特性からわかるように，位相おくれ回路では低周波の付近では $0[\mathrm{dB}]$，高周波付近では $-20\log_{10}(T_1/T_2)\ [\mathrm{dB}]$ となっている．

この回路を補償回路として使用すると，高周波付近のゲインを減少させるので，過渡応答の形はよくなるが，応答速度は遅くなる．また，位相特性は常に負である．このため，位相おくれ回路と呼ばれている．

9.4　位相おくれ回路による特性改善

フィードバック制御系が，与えられた仕様を満足するように補償回路の定数

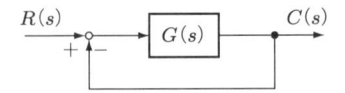

128　第9章　フィードバック制御系の特性補償

を定めることを**特性設計**という．いま，設計しようとするフィードバック制御系を図 9.6 に示す．その開ループ伝達関数 $G(s)$ は次のように与えられる．

$$G(s) = \frac{10}{s(1+0.8s)(1+0.2s)} \quad (9.5)$$

（1）設計仕様：設計仕様としては，

① 共振値　$M_p = 1.3$

② 共振角周波数　$\omega_p = 0.5[\text{rad/s}]$ 以上

式 (9.5) の制御系の応答が，ほぼ二次系の応答に近似できるとすると，$M_p = 1.3$ は $\zeta = 0.42$，位相余裕に換算すると $\phi_m = 45°$，行き過ぎ量に換算すると $P = 23\%$ となる（図 7.9，7.12，7.13 参照，あるいは式 (7.40)，(7.35)，(7.20) などを用いて計算する）．ω_p はほぼゲイン交差角周波とみなすことにする．

（2）ボード線図の作成：$G(s)$ を，$1/s$，$1/(1+0.8s)$，$1/(1+0.2s)$，10

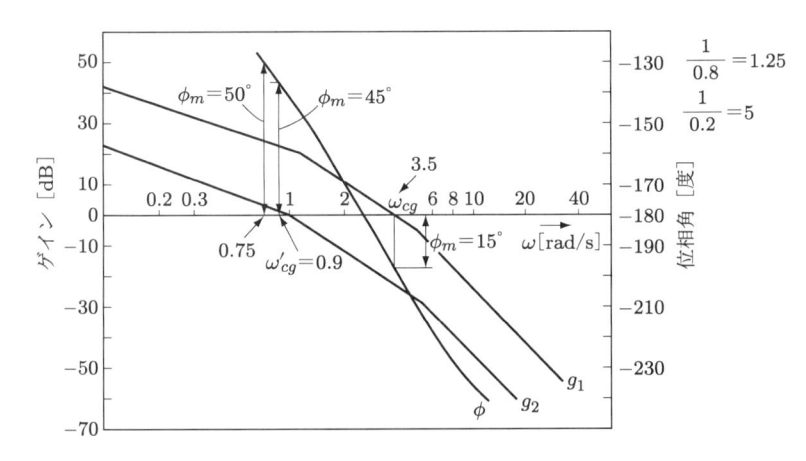

図 9.7　$G(s) = \dfrac{10}{s(1+0.8s)(1+0.2s)}$ のボード線図 g_1，ϕ とゲイン特性曲線 g_2

に分解してボード線図を描き，それらを合成したものが図 9.7 における g_1, ϕ である．ゲイン特性曲線は折線近似で描いてある．折点周波数は，$1/0.8 = 1.25$, $1/0.2 = 5.0 [\text{rad/s}]$ である．図 9.7 からわかるように，この系の位相余裕は $-15°$ で，ゲイン交差角周波数 ω_{cg} は $3.5 [\text{rad/s}]$ である．したがって，この系はこのままでは不安定である．

（3）補償回路の選定：ここで，系のゲイン定数だけを変化して位相余裕が $45°$ となるように考える．ゲイン定数を変えると，ゲイン特性曲線は上下に移動するが，位相特性曲線 ϕ は変化しない．そこで，図 9.7 の g_2 に示すように $\phi_m = 45°$ となるようにゲイン特性曲線を下げる．

この結果，ゲイン交差角周波数は $\omega_{cg}' = 0.9 [\text{rad/s}]$ で，ゲインは $20 [\text{dB}]$ 下げればよい．ゲインを $20 [\text{dB}]$ 下げることは，ゲインを $1/10$ にすることで，定常速度偏差を大きくすることになり，一般には外乱に対する定常偏差を悪化させることになる．そこで，補償回路により過渡特性を改良しなければならない．ゲイン交差角周波数は，特性仕様より $0.5 [\text{rad/s}]$ 以上であるから，$3.5 [\text{rad/s}]$ より多少低下しても差し支えない．そこで，ここではおくれ回路による直列補償法を採用する．

（4）補償回路の定数値の決定：おくれ回路の伝達関数は，

$$G(s) = \frac{1 + sT_1}{1 + sT_2} = \frac{1 + s/\omega_s}{1 + sn/\omega_s} \qquad (9.6)$$

で，$T_1 = 1/\omega_s$ とした．おくれ回路は $T_1 < T_2$ であるので，$T_2 = n/\omega_s$ としている．ω が十分大きいところでは，ゲイン特性は $-20 \log_{10} n$ であるから，n の値は，

$$20 [\text{dB}] = 20 \log_{10} n \quad \therefore \quad n = 10 \qquad (9.7)$$

と選べばよい．ボード線図は図 9.8 のようになる．ω が ω_s に比べて十分大きいところでは，図 9.8 からわかるように，$20 [\text{dB}]$ の減衰を得ることができる．

式 (9.6) の ω_s の値は，ゲイン交差周波数 ω_{cg} が $20 [\text{dB}]$ の減衰のある範囲になるように決めればよい．したがって，ω_s は ω_{cg} より十分小さくとればよい．しかし，ω_s は補償回路を構成する抵抗とキャパシタンスの値の積の逆数で

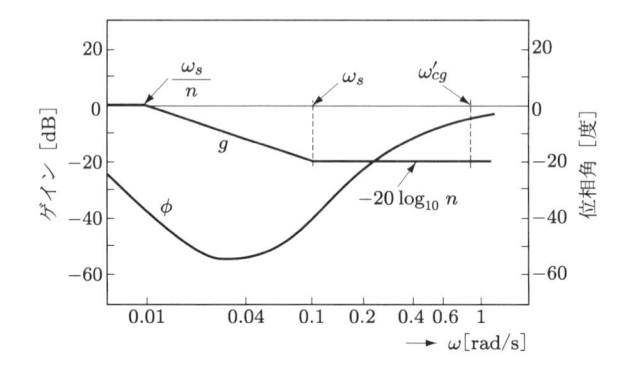

図9.8 補償回路 $\dfrac{1+10s}{1+100s}$ のゲインと位相特性

決まるので,これらの値を大きくしなければならず実用的ではなくなる.通常,ω_s は ω_{cg} の 1/10 程度にとる.ここでは,$\omega_s = \omega_{cg}'/10 = 0.9/10 \simeq 0.1\,[\mathrm{rad/s}]$ とする.したがって,補償回路は次式のようになる.

$$G(s) = \frac{1+10s}{1+100s} \tag{9.8}$$

このボード線図を描くと,図9.8である.この図から,$\omega_{cg}' = 0.9\,[\mathrm{rad/s}]$ のところのゲインは $-20\,[\mathrm{dB}]$,位相角は $-5°$ となる.したがって,補償後の系の位相余裕は約 $40°$ となり,仕様を満たしていない.

(5) 補償回路の定数値の補正:位相余裕を補正するため,位相余裕を $5°$ 余分にとって,$50°$ と仮定し,図9.7により位相余裕が $50°$ となるゲイン交差周波数を求めると,$\omega_{cg}' = 0.75\,[\mathrm{rad/s}]$ となる.したがって,補償回路の ω_s は,

$$\omega_s = \frac{\omega_{cg}'}{10} = 0.075 \tag{9.9}$$

このとき,減衰させるゲインは,図9.7の位相余裕 $50°$ のところを読むと,$23\,[\mathrm{dB}]$ であるから,式 (9.7) 同様,

$$20\log_{10} n = 23 \quad \therefore \quad n = 14 \tag{9.10}$$

9.4 位相おくれ回路による特性改善

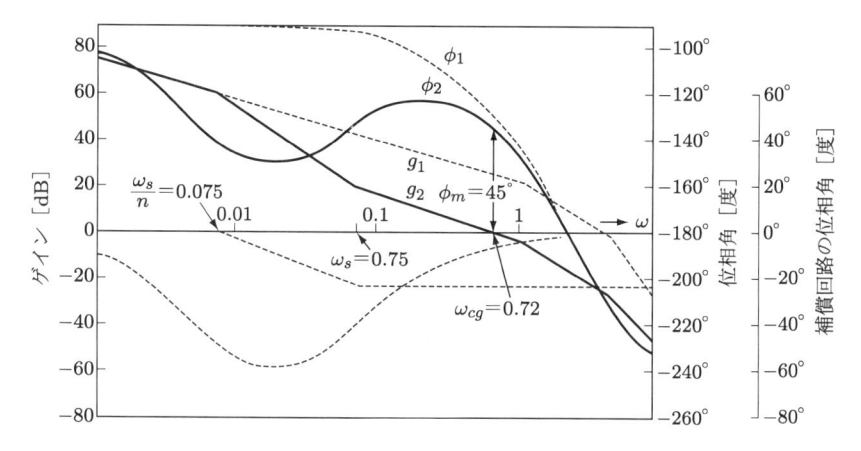

図 9.9 位相おくれ補償回路 $G_c(s)$ による $G(s)$ の補償のためのボード線図

を得る．したがって，補償回路は次のように補正される．

$$G_c(s) = \frac{1 + s/0.075}{1 + 14s/0.075} = \frac{1 + 13.3s}{1 + 186.7s} \qquad (9.11)$$

図 9.9 に系の補償前，補償後のボード線図とともに，補正された補償回路のボード線図も示す．

次に，補償回路を構成する図 9.3 における R_1, R_2, C の値を求める．

式 (9.2), (9.3), (9.6) より，いままで求めた ω_s および n とこれらの関係は，

$$\omega_s = \frac{1}{CR_2}, \quad n = \frac{R_1 + R_2}{R_2} \qquad (9.12)$$

で，未知数 3，既知数 2 であるので，$C = 50 [\mu\text{F}]$ とすると式 (9.12) よりほかが求まる．

$$R_2 = \frac{1}{C\omega_s} = \frac{1}{50 \times 0.075} \simeq 0.267 \quad [\text{M}\Omega]$$

$$R_1 = \frac{n-1}{C\omega_s} = \frac{14-1}{50 \times 0.075} \simeq 3.47 \quad [\text{M}\Omega] \qquad (9.13)$$

(6) 結果の検討・補償回路のキャパシタンス $50[\mu\mathrm{F}]$ は大きな値であるが，一応図 9.9 のボード線図からもわかるように，位相余裕は $45°$ で，共振角周波数 $\omega_p \simeq \omega_{cg}$（ゲイン交差角周波数）も $0.72[\mathrm{rad/s}]$ で設計仕様を満足している．

一方，ゲイン定数を変化して系を補償するゲイン補償の場合はゲイン交差角周波数 ω_{cg} は $0.9[\mathrm{rad/s}]$ で，補償回路を使用する場合より大きいが，ゲイン補償の場合は系のゲイン定数をほぼ $1/10$ にしなくてはならないので，補償回路を使用した場合と比較して，定速度偏差が大きくなる．

9.5 位相進み回路

位相進み補償回路は図 9.10 に示される回路で，次の特徴をもつ．

① すべての周波数の値に対して位相が常に正になり，高い周波数で位相を進める性質があるので，系の応答速度を高めることができる．
② 一般に系のゲインを大きくすることが困難となり，定常特性が悪化するおそれがある．
③ 帯域幅が広くなり速応性が改善される反面，高周波域のノイズに対しても応答することがあるので注意を要する．

回路の伝達関数 $G(s)$ は，次のようになる．

$$G(s) = \frac{R_2}{\dfrac{1}{\dfrac{1}{R_1} + sC} + R_2} = \frac{R_2(1 + sCR_1)}{R_1 + R_2(1 + sCR_1)}$$

$$= \frac{R_2}{R_1 + R_2} \cdot \frac{1 + sCR_1}{1 + sC\dfrac{R_1 R_2}{R_1 + R_2}} \quad (9.14)$$

ここで，時定数 T_1，T_2 を

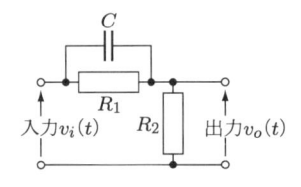

図 9.10 位相進み回路

9.5 位相進み回路

$$T_1 = CR_1, \quad T_2 = CR_1R_2/(R_1 + R_2) \qquad (9.15)$$

と置くと，式 (9.14) は式 (9.16) になる．

$$G(s) = \frac{T_2}{T_1} \cdot \frac{1 + sT_1}{1 + sT_2} \qquad (9.16)$$

ここで，$T_1/T_2 = (R_1 + R_2)/R_2 > 1$ であるから，$T_1 > T_2$ である．

この回路のステップ応答 $v_o(t)$ は，

$$
\begin{aligned}
v_o(t) &= \mathcal{L}^{-1}\left[\frac{T_2}{T_1} \cdot \frac{1 + sT_1}{1 + sT_2} \cdot \frac{1}{s}\right] \\
&= \mathcal{L}^{-1}\left[\frac{T_2}{T_1}\left(\frac{1}{s} + \frac{T_1 - T_2}{T_2} \cdot \frac{1}{s + 1/T_2}\right)\right] \\
&= \frac{T_2}{T_1}\left(1 + \frac{T_1 - T_2}{T_2} e^{-\frac{1}{T_2}t}\right) \qquad (9.17) \\
&= \frac{R_2}{R_1 + R_2}\left(1 + \frac{R_1}{R_2} e^{-\frac{R_1 + R_2}{CR_1R_2}t}\right) \qquad (9.18)
\end{aligned}
$$

これを図示すると，図 9.11 のようになり，入力に比例する部分と，微分的応答との和で，時間が 0 に近いところで大きな出力を出し，時間が十分大きくなった点では $R_2/(R_1 + R_2) < 1$ の大きさの応答を示している．

したがって，位相進み回路で系を補償した場合，系の応答の立上り時間は小さくなる傾向にある．

位相進み回路をボード線図に描くと，図 9.12 のようになる．これは，式 (9.16)における $1 + sT_1$，$1 + sT_2$ および T_2/T_1 のボード線図を別々に描いて合成すれば得られる．ゲイン特性からわかるように，位相進み回路では低周波付近より高周波付近でのゲインが大きいので，この回路で系を補償すると応答

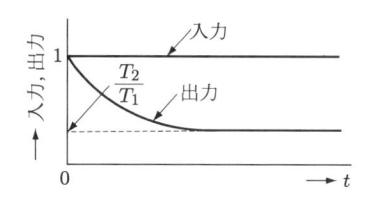

図 9.11 位相進み回路のステップ応答

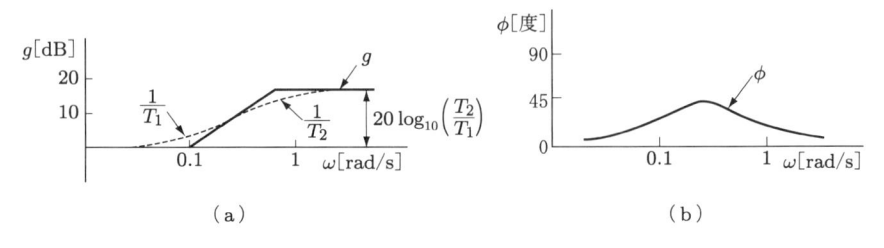

図 9.12 位相進み回路のボード線図

速度を速くすることはできるが，高周波の雑音は減衰しないので，次段に接続する増幅器が飽和しないよう注意を要する．

また，式 (9.14) でわかるように，この回路の挿入により，全体のゲインが下がるので，定常特性は悪くなる．それを避けるには，この回路を増幅器の前に挿入し，所定の定常特性が得られるよう，増幅器のゲインを上げてやる必要がある．

9.6　位相進み回路による特性改善

特性補償を行う直結フィードバック系の開ループ伝達関数 $G(s)$ を，次のように与える．

$$G(s) = \frac{10}{s(1+0.5s)(1+0.2s)} \quad (9.19)$$

（1）設計仕様：設計仕様としては，
　① 共振値 $M_p = 1.3$
　② 応答速度はできるだけ速くする．ただし，定常特性は多少悪くてもよい．
$M_p = 1.3$ は $\zeta = 0.42$，位相余裕に換算すると $\phi_m = 45°$ である（図 7.12，7.13 参照．あるいは，式 (7.40)，(7.35) により計算する）．

（2）ボード線図の作成：図 9.13 に，$G(s)$ のボード線図 $g①$，$\phi①$ を示す．ゲイン交差角周波数は，4.5[rad/s]，位相余裕は $-18°$ で，この系は不安定である．

（3）補償回路の選定とその定数値の決定：設計仕様により，応答速度をで

9.6 位相進み回路による特性改善 **135**

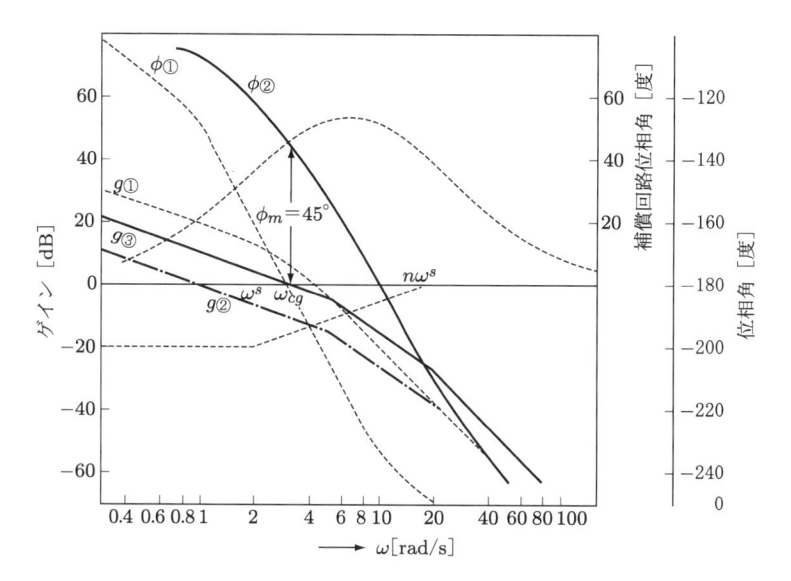

図 9.13 位相進み回路による補償前後のボード線図
$$G(s) = \frac{10}{s(1+0.5s)(1+0.2s)}$$ のボード線図 $g①$, $\phi①$

きるだけ速くすることを目的とするので，位相進み補償回路で直列補償を行う．位相進み回路の伝達関数は，一般に次のように表すことができる．

$$G_c(s) = \frac{k}{n} \cdot \frac{1+s/\omega_s}{1+s/n\omega_s} \tag{9.20}$$

これらの値の選定には，次のように考える．

① $1/\omega_s$ は，$G(s)$ の最も大きな時定数と一致するように取る．するとゲイン特性の $0[\text{dB}]$ を切る傾斜が $-20[\text{dB/dec}]$ となり，原系より高い周波数で ϕ_m をとることができ，応答速度が速くできる．

$$1/\omega_s = 0.5 \quad \therefore \quad \omega_s = 2 \tag{9.21}$$

② n はできるだけ大きい方がよいが通常 $5\sim50$ とする．いま，$n=10$ とする．

したがって，補償回路の伝達関数は次のようになる．

$$G_c(s) = \frac{k}{10}\frac{1+0.5s}{1+0.05s} \qquad (9.22)$$

系に，補償回路を挿入した場合の開ループ伝達関数は次のようになる．

$$G_c(s)\,G(s) = \frac{k}{10}\frac{1+0.5s}{1+0.05s}\cdot\frac{10}{s(1+0.5s)(1+0.2s)}$$
$$= \frac{k}{10}\frac{1}{1+0.05s}\cdot\frac{10}{s(1+0.2s)} \qquad (9.23)$$

式 (9.23) で $k=1$ としたときのボード線図は，g②，ϕ②となる．ここで，$\phi_m = 45°$ となる点の ω_{cg} は $3.3\,[\mathrm{rad/s}]$ で，このときのゲインは $-11\,[\mathrm{dB}]$ である．したがって，全体のゲインを $11\,[\mathrm{dB}]$ 上げれば $\omega_{cg} = 3.3\,[\mathrm{rad/s}]$ でゲイン特性は $0\,[\mathrm{dB}]$ を切り，$\phi_m = 45°$ となる．そのときの，k の値を求めると，

$$20\log_{10}k = 11\,[\mathrm{dB}] \quad \therefore \quad k = 3.55 \qquad (9.24)$$

となり，この k を式 (9.23) に代入すると補償後の開ループ伝達関数は次式となる．

$$G_c(s)\,G(s) = \frac{3.55}{s(1+0.05s)(1+0.2s)} \qquad (9.25)$$

このときのボード線図は，図 9.13 における g③，ϕ②である．

位相進み補償回路を構成するキャパシタンスと抵抗の値を求めると，次のようになる．

$$\begin{aligned}\omega_s &= \frac{1}{CR_1} = 2 \\ n &= \frac{T_1}{T_2} = \frac{R_1+R_2}{R_2} = 10\end{aligned} \qquad (9.26)$$

ここで，$C = 0.5\,[\mu\mathrm{F}]$ とすると，$R_1 = 1\,[\mathrm{M}\Omega]$，$R_2 = 0.11\,[\mathrm{M}\Omega]$ が得られる．

（4） 結果の検討：図 9.13 よりゲイン交差角周波数 $\omega_{cg} = 3.3\,[\mathrm{rad/s}]$ で，補償前より小さいが，$\phi_m = 45°$ であるので，系は仕様を満足している．それ

は，$n=10$ としたからで，もう少し大きくとれば ω_{cg} も大きくとれる．補償前のゲインが 10 で，補償後が 3.55 であるので，定速度偏差は補償前より悪くなっている．

しかし，ゲイン定数を変化して ϕ_m を $45°$ にするには，図 9.13 からわかるように，ゲインを 18[dB] 減少すればよい．すなわち，ゲインを 1/7.95 にすればよいが，このとき $\omega_{cg}=1.2[\text{rad/s}]$ であるので，それと比較すれば，補償回路を用いる方が ω_{cg} は大きく，また，定常偏差は小さいことがわかる．

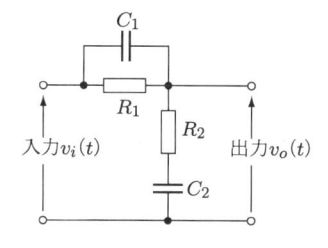

9.7 位相おくれ・進み回路

位相おくれ・進み回路は，位相進み回路と位相おくれ回路の両方の特性を兼ね備え，それぞれの欠点を補い，両方の特徴をいかした回路である．定常時のゲインは 0[dB] であるので，補償した系の定常特性を悪くすることもなく，しかも，位相進み回路のように高周波域での雑音の悪影響を増大することもない．位相おくれ・進み回路は，このような特性を持つので，実際の回路のパラメータの決定がめんどうではあるが，よく使われる回路である．

図 9.14 に，位相おくれ・進み回路を示す．回路の伝達関数 $G(s)$ は，

$$G(s) = \frac{(1+s/\omega_1)(1+s/\omega_2)}{(1+s/n\omega_1)(1+ns/\omega_2)} \qquad (9.27)$$

となる．式 (9.27) において，$n>1$ のとき，

$$G_1(s) = \frac{1+s/\omega_1}{1+s/n\omega_1}$$

図 9.14 位相おくれ・進み回路

は位相進み回路で，次の $G_2(s)$ は位相おくれ回路である．

$$G_2(s) = \frac{(1 + s/\omega_2)}{(1 + ns/\omega_2)}$$

図 9.14 の回路構成と式 (9.27) との間には次の関係が成立する．

$$\left.\begin{array}{l} \omega_1 = \dfrac{1}{C_1 R_1}, \quad \omega_2 = \dfrac{1}{C_2 R_2} \\[1em] (n-1)\left(\dfrac{1}{\omega_2} - \dfrac{1}{n\omega_1}\right) = R_1 C_2 \end{array}\right\} \quad (9.28)$$

ここで，R_1, R_2, C_1, C_2 がすべて正であるためには，$\omega_1 > 0$, $\omega_2 > 0$ で，$n > 1$ とすると，$n\omega_1 > \omega_2$ でなければならない．

この回路のステップ応答は，

$$\begin{aligned}
v_o(t) &= \mathcal{L}^{-1}\left[\frac{(1 + s/\omega_1)(1 + s/\omega_2)}{(1 + s/n\omega_1)(1 + ns/\omega_2)} \cdot \frac{1}{s}\right] \\
&= \mathcal{L}^{-1}\left[\frac{1}{s} + \frac{(n-1)(n\omega_1 - \omega_2)}{n^2\omega_1 - \omega_2}\left\{\frac{1}{s + n\omega_1} - \frac{1}{s + \omega_2/n}\right\}\right] \\
&= 1 + \frac{(n-1)(n\omega_1 - \omega_2)}{n^2\omega_1 - \omega_2}\left\{\exp(-n\omega_1 t) - \exp\left(-\frac{\omega_2 t}{n}\right)\right\}
\end{aligned}$$
$$(9.29)$$

ここで，$n\omega_1 > \omega_2$, $(n > 1)$ と取ってあるので，式 (9.29) の第 2 項の減衰は第 3 項の減衰より速く図 9.15 に示すような応答となる．応答時間の初めの部分で大きな出力を出すので系の立上り時間は短く，時間が経過するとゲインは

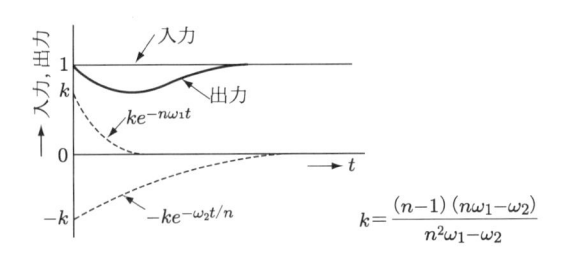

図 9.15 位相おくれ・進み回路のステップ応答

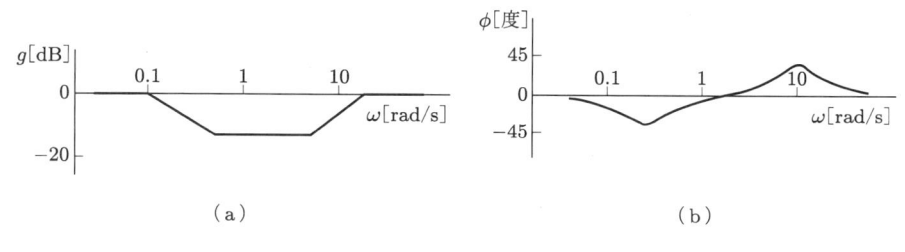

図9.16 位相おくれ・進み回路のボード線図

1となって系の定常偏差に悪影響を与えないことがわかる．

式 (9.27) において時定数を T_1，T_2 とすると，それぞれ次のようになる．

$$T_1 = \frac{1}{n\omega_1} = \frac{C_1 R_1}{n}, \quad T_2 = \frac{n}{\omega_2} = nC_2 R_2 \qquad (9.30)$$

位相おくれ・進み回路のボード線図は，T_1，T_2 のほかに n を与えないと描けない．n の値は一般に，$5 \leq n \leq 20$ 程度に取られる．n の値を大きく取ると，この回路によって取れる位相角は大きくなるが，回路の構成からは n の値をあまり大きく取らない方が実現しやすい．図9.16に，位相おくれ・進み回路のボード線図例を示す．

9.8 フィードバック補償回路

フィードバック補償は，補償すべき系の内部に局部的にフィードバック回路を設けて系の特性改善を行うものである．この回路は，高いエネルギー部分から低いエネルギー部分に向かって接続され，フィードバックするとき増幅器などを要しない．

したがって，回路そのものは一般には簡単なものであるが，直列補償に比べ広い範囲の補償ができる．しかし，補償した系が多重ループになるので，設計計算はかなり複雑になり，経験を必要とするので，ここでは省略する．

練習問題 9

1. $G(s) = 10/s(1+s/5)(1+s/15)$ の伝達関数を持つ直結フィードバック系において，位相余裕を $40°$ となるようにしたい．
　（1）位相おくれ補償回路により実現するにはどうすればよいか．
　（2）位相進み補償回路で実現するにはどうすればよいか．

2. $G(s) = K/s(0.25s+1)(0.1s+1)$ の伝達関数を持つ直結フィードバック系において，位相余裕 $\geqq 45°$，定常速度偏差定数 $\geqq 5$ となるよう位相おくれ補償回路を実現せよ．

3. $G(s) = K/s(0.5s+1)(0.05s+1)$ の伝達関数を持つ直結フィードバック系がある．
　（1）位相余裕 $45°$ となるゲイン K を決定せよ．
　（2）位相余裕を変化させずに，速度偏差を $1/5$ とするような位相進み補償回路を実現せよ．

第10章
現代制御へのかけ橋

いままで，いわゆる古典制御理論について述べてきた．本章においては，現代制御理論に対する導入過程として，現代制御へのかけ橋の役目をになうことにする．

ここでは，今までの古典制御における学習過程に合わせた方法で導入過程を学ぶことにする．

10.1　現代制御と古典制御の違い

現代制御と今まで学んできた古典制御との相違点を列挙すると，次のようにいうことができる．

（1）　システムのもつ情報はすべて利用する．

いままでは，例えば，伝達関数を

$$\frac{(s+2)}{(s+1)(s+2)(s+3)} = \frac{1}{(s+1)(s+3)}$$

として，$(s+2)$ を省略して，システムを取り扱ってきた．

現代制御においては，$(s+2)$ を省略することなく，システムがもつすべての情報を利用する．

（2）　入力と出力を表現する変数のほか中間の変数を使う．

伝達関数を求める場合，入力に関する変数と，出力の変数のみを取り扱ってきたが，現代制御では，入出力の中間に存在する変数（これを状態変数という）を積極的に用いる．これによって，システムの構造を微細に検討できる特徴がある．

（3）　ベクトルや行列による表現

変数を多数とるため,ベクトルや行列による表現を多用する.また,ベクトルや行列表現がしやすいよう状態変数による状態方程式を作る.行列が多用されるため,現代制御は一見とっつきにくいが,行列演算の基礎をきちんと学べば,理解できる.

(4) コンピュータによる計算に適している.

10.2 状態変数と状態方程式

ある時点 t_1 におけるシステムの出力 $y(t_1)$ が,同時点における入力 $u(t_1)$ のみによって決定されるシステムを**静的システム**という.$y(t_1)$ が $u(t_1)$ のみでなく,過去の入力 $u(t\,;\,t \leq t_1)$ にも影響されるとき,**動的システム**という.動的システムは,その入出力関係が静的システムにおける関数関係のほかに,過去の入力を記憶する要素,すなわち積分器と静的要素との組み合わせにより構成されると考えられる.積分器の出力信号を観測することにより動的システムの記憶状態が決定されるので,積分器の出力信号はシステムの内部状態を規定する変数と考えることができ,これを**状態変数**という.

状態変数を多数とることによって,システムの状態を微細に検討できる.変数が増し,次数が上れば,ベクトルや行列を用いて一般的に表現できる.また,時間領域で扱える特徴もある.

ここでは,状態変数と状態方程式について例題を用いて説明する.

【例題 10.1】 図 10.1 のフィードバック系を状態変数を用いて表現せよ.

【解】 図のフィードバック系を分解すると,

$$E(s) = U(s) - X(s) \quad ①$$

$$\frac{X(s)}{E(s)} = \frac{2}{s(s+1)} \quad ②$$

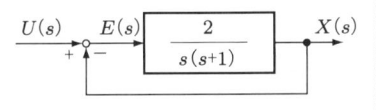

図 10.1 直結フィードバック系

この 2 式より,系全体の関係を微分方程式で表現する.

$$X(s)\{(s(s+1)\} = 2(U(s) - X(s))$$
$$\therefore \quad s^2 X(s) + s X(s) + 2 X(s) = 2 U(s)$$

時間領域に変換するため，s を D なる微分演算子 d/dt に置きかえて
$$\ddot{x}(t) + \dot{x}(t) + 2x(t) = 2u(t) \quad ③$$

式③より，次のブロック線図の図 10.2(a) が得られる．信号を反転して(b)を得る．$1/D$ は積分で，積分器と理解すればよい．

(a)

⇓

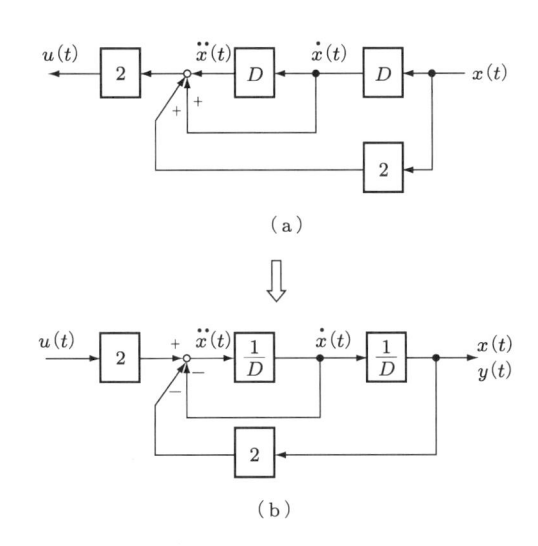

(b)

図 10.2　状態変数線図

$x(t) = x_1(t),\ x_2(t) = \dot{x}_1(t),\ \dot{x}_2(t) = \ddot{x}_1(t) = \ddot{x}(t)$ とおくと，③は，
$$\dot{x}_2(t) + x_2(t) + 2x_1(t) = 2u(t) \quad ④$$

となる．式④は次式⑤で表現される．すなわち，式⑤は連立一次微分方程式となるよう組み立てる．

$$\begin{cases} \dot{x}_1(t) = x_2(t) \\ \dot{x}_2(t) = -2x_1(t) - x_2(t) + 2u(t) \end{cases} \quad ⑤$$

式⑤を行列表現すると，次式が得られる．$y(t) = x(t) = x_1(t)$ を併記すると，

$$\begin{bmatrix} \dot{x}_1(t) \\ \dot{x}_2(t) \end{bmatrix} = \begin{bmatrix} 0 & 1 \\ -2 & -1 \end{bmatrix} \begin{bmatrix} x_1(t) \\ x_2(t) \end{bmatrix} + \begin{bmatrix} 0 \\ 2 \end{bmatrix} u(t) \quad ⑥$$

$$y(t) = \begin{pmatrix} 1 & 0 \end{pmatrix} \begin{bmatrix} x_1(t) \\ x_2(t) \end{bmatrix} \quad ⑦$$

ここに，$u(t)$ は入力変数，$y(t)$ は出力変数，$x_1(t)$, $x_2(t)$ は中間に存在する変数なので，中間変数で，この中間変数を状態変数という．

また，式⑥を状態方程式，式⑦を出力方程式という．図 10.2(b) のような時間領域における線図を状態変数線図または状態ブロック線図という．

時間領域における信号の向きの変換も，第 3 章の s 領域における変換と同様に取り扱えばよい．

一般に，状態変数が $x_1(t) \sim x_n(t)$ の n 個存在するシステムを次元 n のシステムといい，この場合，状態方程式と出力方程式とは，次のように表現される．

$$\begin{bmatrix} \dot{x}_1(t) \\ \dot{x}_2(t) \\ \vdots \\ \dot{x}_n(t) \end{bmatrix} = \begin{bmatrix} a_{11} & a_{12} & \cdots & a_{1n} \\ a_{21} & a_{22} & \cdots & a_{2n} \\ \vdots & \vdots & & \vdots \\ a_{n1} & a_{n2} & \cdots & a_{nn} \end{bmatrix} \begin{bmatrix} x_1(t) \\ x_2(t) \\ \vdots \\ x_n(t) \end{bmatrix} + \begin{bmatrix} b_1 \\ b_2 \\ \vdots \\ b_n \end{bmatrix} u(t) \qquad (10.1)$$

$$y = (c_1\ c_2\ \cdots\ c_n) \begin{bmatrix} x_1(t) \\ x_2(t) \\ \vdots \\ x_n(t) \end{bmatrix} \qquad (10.2)$$

$\dot{x}_1(t) = \dfrac{d}{dt} x_1(t)$ を表す．以下，これらの行列を $\boldsymbol{A}(n \times n)$，また，列ベクトル $\boldsymbol{x}(t)(n \times 1)$，$\boldsymbol{b}(n \times 1)$，行ベクトル $\boldsymbol{c}(1 \times n)$ を用い，

$$\dot{\boldsymbol{x}}(t) = \boldsymbol{A}\boldsymbol{x}(t) + \boldsymbol{b}u(t) \qquad (10.3)$$
$$y(t) = \boldsymbol{c}\boldsymbol{x}(t) \qquad (10.4)$$

と表現する．ただし，$\boldsymbol{A}(n \times m)$ は n 行 m 列の行列を表している．$u(t)$, $y(t)$ にスカラー表現をしているのは，1 入力，1 出力の場合で，多入出力の場合はベクトル表現をする．

【例題 10.2】 図 2.13 のばね-ダッシュポット系の状態変数線図と状態方程式とを求めよ．

【解】 質量 M に対する外力 $f(t)$ に関する微分方程式は，

$$M\ddot{x}(t) = f(t) - Kx(t) - D_1\dot{x}(t) \qquad ①$$

(a)

⇓

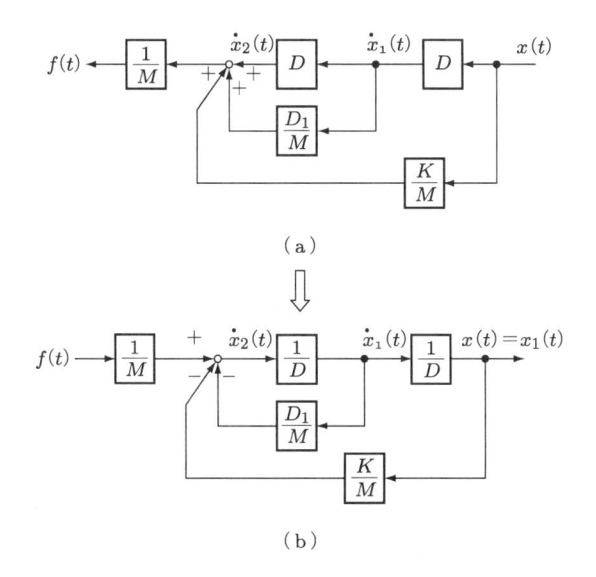

(b)

図 10.3 ばね-ダッシュポット系の状態変数線図

$$\therefore \ddot{x}(t) + \frac{D_1}{M}\dot{x}(t) + \frac{K}{M}x(t) = \frac{1}{M}f(t) \qquad ②$$

ただし，K はばね定数，D_1 はダッシュポットの粘性摩擦係数とする．

式②を用いて状態変数線図を描くと，図 10.3 となる（D は微分演算子 d/dt）．

状態変数を，$x_1(t) = x(t)$，$x_2(t) = \dot{x}(t)$ とおくと，図 10.3(b) より，

$$\begin{cases} \dot{x}_1(t) = x_2(t) \\ \dot{x}_2(t) = -\dfrac{K}{M}x_1(t) - \dfrac{D_1}{M}x_2(t) + \dfrac{1}{M}f(t) \end{cases} \qquad ③$$

が得られる．③より状態方程式は次式のように与えられる．

$$\begin{bmatrix} \dot{x}_1(t) \\ \dot{x}_2(t) \end{bmatrix} = \begin{bmatrix} 0 & 1 \\ -\dfrac{K}{M} & -\dfrac{D_1}{M} \end{bmatrix} \begin{bmatrix} x_1(t) \\ x_2(t) \end{bmatrix} + \begin{bmatrix} 0 \\ \dfrac{1}{M} \end{bmatrix} u(t) \qquad ④$$

$$y(t) = \begin{pmatrix} 1 & 0 \end{pmatrix} \begin{bmatrix} x_1(t) \\ x_2(t) \end{bmatrix} \qquad ⑤$$

ここでは，入力変数 $u(t)$ は外力 $f(t)$，出力変数 $y(t)$ は変位 $x(t)$ ととっている．

10.3 状態方程式と伝達関数

状態方程式は時間領域表現であるので，両辺をラプラス変換して，システム内部の初期値を 0 とおいたときの入出力の比をとれば**伝達関数**を求めることができる．

状態方程式

$$\dot{\boldsymbol{x}}(t) = \boldsymbol{A}\boldsymbol{x}(t) + \boldsymbol{b}u(t) \qquad (10.3)$$

$$y(t) = \boldsymbol{c}\boldsymbol{x}(t) \qquad (10.4)$$

の両辺をラプラス変換すると，

$$s\boldsymbol{X}(s) - \boldsymbol{x}(0) = \boldsymbol{A}\boldsymbol{X}(s) + \boldsymbol{b}U(s) \qquad (10.5)$$

$$Y(s) = \boldsymbol{c}\boldsymbol{X}(s) \qquad (10.6)$$

初期値をすべて 0 とおくと，

$$\boldsymbol{X}(s) = (s\boldsymbol{I} - \boldsymbol{A})^{-1}\boldsymbol{b}U(s) \qquad (\boldsymbol{I} \text{は単位行列を示す})$$

したがって，出力は，

$$Y(s) = \boldsymbol{c}\boldsymbol{X}(s) = \boldsymbol{c}(s\boldsymbol{I} - \boldsymbol{A})^{-1}\boldsymbol{b}U(s) \qquad (10.7)$$

伝達関数 $G(s)$ は $U(s)$ に対する $Y(s)$ の比なので，次式で与えられる．

$$G(s) = \frac{Y(s)}{U(s)} = \boldsymbol{c}(s\boldsymbol{I}-\boldsymbol{A})^{-1}\boldsymbol{b} \qquad (10.8)$$

式 (10.8) は，余因子行列と行列式とを用いて，式 (10.9) と書ける．

$$\boldsymbol{c}(s\boldsymbol{I} - \boldsymbol{A})^{-1}\boldsymbol{b} = \frac{\boldsymbol{c}\ \text{adj}(s\boldsymbol{I} - \boldsymbol{A})\ \boldsymbol{b}}{|s\boldsymbol{I} - \boldsymbol{A}|} \qquad (10.9)$$

式 (10.9) の分母を 0 とする複素数 s，すなわち

$$|s\boldsymbol{I} - \boldsymbol{A}| = 0 \qquad (10.10)$$

の根を，システム式 (10.3)，(10.4) の**極**（または**固有値**）といい，分子を 0 とする複素数 s，すなわち，

$$c \, \text{adj}(sI - A) b = 0 \tag{10.11}$$

の根を $u - y$ 間の**ゼロ点**という．

なお，$|sI - A|$ は s についての多項式となり，

$$|sI - A| = s^n + a_{n-1}s^{n-1} + a_{n-2}s^{n-2} + \cdots + a_1 s + a_0 = 0 \tag{10.12}$$

を**特性方程式**という．式 (10.12) はラウスの安定判別に利用できる．

【例題 10.3】 次の行列が正則かどうか調べ，正則ならば逆行列を求めよ．

$$A = \begin{bmatrix} 2 & 1 \\ 3 & 4 \end{bmatrix} \quad \text{そのときの，} [sI - A]^{-1} \text{を求めよ．}$$

【解】 $|A| = \begin{vmatrix} 2 & 1 \\ 3 & 4 \end{vmatrix} = 8 - 3 = 5 \neq 0$ であるから正則．したがって，逆行列を求め得る．そのときの逆行列は，

$$A^{-1} = \frac{1}{|A|} \begin{bmatrix} 4 & -1 \\ -3 & 2 \end{bmatrix} = \frac{1}{5} \begin{bmatrix} 4 & -1 \\ -3 & 2 \end{bmatrix}$$

$$(sI - A)^{-1} = \begin{bmatrix} s-2 & -1 \\ -3 & s-4 \end{bmatrix}^{-1} = \frac{1}{\Delta} \begin{bmatrix} s-4 & 1 \\ 3 & s-2 \end{bmatrix},$$

$$\Delta = \begin{vmatrix} s-2 & -1 \\ -3 & s-4 \end{vmatrix} = (s-2)(s-4) - 3$$

$$= \frac{1}{s^2 - 6s + 5} \begin{bmatrix} s-4 & 1 \\ 3 & s-2 \end{bmatrix}$$

（注） $|A| \neq 0$ である行列を正則行列といい，A の逆行列が存在するためには，A は正則行列でなければならない．A^{-1} は次式で求まる．

$$A^{-1} = \frac{\text{adj} A}{|A|}, \quad \text{adj} A = [b_{ij}]^T$$

ここで，$\text{adj} A$ は A の余因子行列で，$|A|$ における a_{ij} の i 行 j 列を除き $(-1)^{i+j}$ をかけた余因子 b_{ij} による余因子行列の転置行列で与えられる．

いま，$A = \begin{bmatrix} a_{11} & a_{12} \\ a_{21} & a_{22} \end{bmatrix}$ のとき，$A^{-1} = \dfrac{\text{adj}\,A}{|A|} = \dfrac{1}{|A|}\begin{bmatrix} a_{22} & -a_{21} \\ -a_{12} & a_{11} \end{bmatrix}^T$

$\qquad\qquad\qquad\qquad\qquad\qquad = \dfrac{1}{|A|}\begin{bmatrix} a_{22} & -a_{12} \\ -a_{21} & a_{11} \end{bmatrix}$

【例題 10.4】 図 10.4 に示されるフィードバック系を状態方程式で表し，伝達関数 $Y(s)/U(s)$ を求めよ．

【解】 図 10.4 の信号を反転させると，次式を得る．

$$\{s(s+2)+4\}Y(s) = U(s) \qquad ①$$

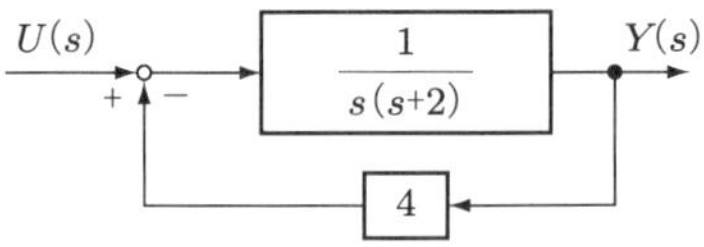

この系を微分方程式で表すと，

$$\ddot{y}(t) + 2\dot{y}(t) + 4y(t) = u(t) \qquad ②$$

状態変数を $x_1(t) = y(t)$，$x_2(t) = \dot{x}_1(t)$ とおくと，

$$\begin{cases} \dot{x}_1(t) = x_2(t) \\ \dot{x}_2(t) = -4x_1(t) - 2x_2(t) + u(t) \end{cases} \qquad ③$$

図 10.4 フィードバック系

状態方程式は，

$$\dot{\boldsymbol{x}}(t) = \begin{bmatrix} 0 & 1 \\ -4 & -2 \end{bmatrix}\boldsymbol{x}(t) + \begin{bmatrix} 0 \\ 1 \end{bmatrix}u(t) \qquad ④$$

$$y(t) = \begin{bmatrix} 1 & 0 \end{bmatrix}\boldsymbol{x}(t)$$

$$[s\boldsymbol{I} - \boldsymbol{A}] = \left[\begin{bmatrix} s & 0 \\ 0 & s \end{bmatrix} - \begin{bmatrix} 0 & 1 \\ -4 & -2 \end{bmatrix}\right] = \begin{bmatrix} s & -1 \\ 4 & s+2 \end{bmatrix} \qquad ⑤$$

$$\therefore \quad [s\boldsymbol{I} - \boldsymbol{A}]^{-1} = \left[\dfrac{1}{s(s+2)+4}\begin{bmatrix} s+2 & 1 \\ -4 & s \end{bmatrix}\right] \qquad ⑥$$

伝達関数 $G(s)$ は，

$$G(s) = \dfrac{Y(s)}{U(s)} = \boldsymbol{c}[s\boldsymbol{I} - \boldsymbol{A}]^{-1}\boldsymbol{b} = \dfrac{\begin{bmatrix} 1 & 0 \end{bmatrix}\begin{bmatrix} s+2 & 1 \\ -4 & s \end{bmatrix}\begin{bmatrix} 0 \\ 1 \end{bmatrix}}{s^2 + 2s + 4}$$

$$= \dfrac{\begin{bmatrix} s+2 & 1 \end{bmatrix}\begin{bmatrix} 0 \\ 1 \end{bmatrix}}{s^2 + 2s + 4} = \dfrac{1}{s^2 + 2s + 4} \qquad ⑦$$

システムの極（または固有値）は，$s^2 + 2s + 4 = 0$ の根 $s = -1 \pm j\sqrt{3}$ である．式⑦は古典制御で求めた $G(s) = [1/s(s+2)]/[1+4/s(s+2)] = 1/(s^2 + 2s + 4)$ と一致する．

10.4 可制御性と可観測性

現代制御理論の重要な基本概念に**可制御性**と**可観測性**とがあり，これを用いると伝達関数と状態方程式の相違が明確になり，制御系の設計上有効である．ここでは，可制御性と可観測性の定義について述べるにとどめる．

式 (10.3)，(10.4) で与えられた線形システム

$$\dot{\boldsymbol{x}}(t) = \boldsymbol{A}\boldsymbol{x}(t) + \boldsymbol{b}u(t) \tag{10.3}$$
$$y(t) = \boldsymbol{c}\boldsymbol{x}(t) \tag{10.4}$$

における状態変数 $\boldsymbol{x}(t)$ は，動的システムの内部の状態を規定する変数である（ここに動的とは，現時刻のみならず，過去の入力や，現象が始まったときの内部状態に依存する状態をいう）．

いま，入力 $u(t)$ によって，内部状態 $\boldsymbol{x}(t)$ を完全に制御できるとき，システムは可制御であるといい，出力 $y(t)$ を観測することにより，内部状態 $\boldsymbol{x}(t)$ を完全に知ることができるとき，システムは可観測であるという．

10.4.1 可制御性の定義

式 (10.3) のシステムの可制御性が成り立つためには，式 (10.13) で定義される可制御行列 $\boldsymbol{U}_c$ が正則であればよい．

$$\boldsymbol{U}_c = [\boldsymbol{b}, \boldsymbol{A}\boldsymbol{b}, \boldsymbol{A}^2\boldsymbol{b}, \cdots, \boldsymbol{A}^{n-1}\boldsymbol{b}] \tag{10.13}$$

そのためには，$|\boldsymbol{U}_c| \neq 0$ が成り立てばよく，このことは，rank $\boldsymbol{U}_c = n$ と等価となる．

10.4.2 可観測性の定義

式 (10.3)，(10.4) のシステムについて，出力 $y(t)$ をある有限時間 t_f だけ観測することにより，初期状態 $\boldsymbol{x}_0$ を決定することができるとき，式 (10.3)，(10.4) という線形システムは**可観測**であるという．ただし，観測時間にわた

って入力 $u(t)$ は既知とする.

式 $(10.3), (10.4)$ のシステムの可観測が成り立つためには,式 (10.14) で定義される可観測行列 U_o が正則であればよい.

$$U_o = \begin{bmatrix} c \\ cA \\ cA^2 \\ \vdots \\ cA^{n-1} \end{bmatrix} = [c, cA, cA^2, \cdots, cA^{n-1}]^T \quad (10.14)$$

そのためには,$|U_o| \neq 0$ が成り立てばよく,このことは,rank $U_o = n$ と等価となる.

【例題 10.5】 システムが次で与えられるとき,システムの可制御性と可観測性とを判定せよ.

$$\dot{x} = Ax(t) + bu(t)$$
$$y(t) = cx(t)$$

ここに,

$$A = \begin{bmatrix} 4 & 2 \\ -1 & 1 \end{bmatrix}, \quad b = \begin{bmatrix} 2 \\ -1 \end{bmatrix} \quad c = \begin{bmatrix} 1 & 1 \end{bmatrix}$$

【解】 可制御性行列による正規性により可制御性を判定する.

$$Ab = \begin{bmatrix} 4 & 2 \\ -1 & 1 \end{bmatrix} \begin{bmatrix} 2 \\ -1 \end{bmatrix} = \begin{bmatrix} 6 \\ -3 \end{bmatrix} \quad \therefore \quad U_c = \begin{bmatrix} 2 & 6 \\ -1 & -3 \end{bmatrix}$$

$$|U_c| = \begin{vmatrix} 2 & 6 \\ -1 & -3 \end{vmatrix} = -6 + 6 = 0 \quad \text{システムは不可制御}$$

可観測性行列による正規性により可観測性を判定する.

$$cA = \begin{bmatrix} 1 & 1 \end{bmatrix} \begin{bmatrix} 4 & 2 \\ -1 & 1 \end{bmatrix} = \begin{bmatrix} 3 & 3 \end{bmatrix} \quad \therefore \quad U_o = \begin{bmatrix} 1 & 1 \\ 3 & 3 \end{bmatrix}$$

$$|U_o| = \begin{vmatrix} 1 & 1 \\ 3 & 3 \end{vmatrix} = 3 - 3 = 0$$

システムは不可観測である.

練習問題10

1. $A = \begin{bmatrix} 1 & -2 \\ -3 & 4 \end{bmatrix}$, $B = \begin{bmatrix} 2 & 3 \\ 1 & -5 \end{bmatrix}$, $E = \begin{bmatrix} 1 & 0 \\ 0 & 1 \end{bmatrix}$ のとき，次の計算をせよ．
（1） $A+B$ （2） $A-B$ （3） AB （4） BA （5） AE （6） EA

2. 次の積の計算をせよ．

（1） $\begin{bmatrix} 1 & -2 \\ 3 & 4 \end{bmatrix} \begin{bmatrix} 3 \\ 1 \end{bmatrix}$ （2） $\begin{bmatrix} 1 & 2 & 3 \\ 3 & 0 & 2 \end{bmatrix} \begin{bmatrix} 2 & 0 \\ 5 & 1 \\ 1 & 2 \end{bmatrix}$ （3） $\begin{bmatrix} 2 & 0 \\ 5 & 1 \\ 1 & 2 \end{bmatrix} \begin{bmatrix} 1 & 2 & 3 \\ 3 & 0 & 2 \end{bmatrix}$

3. 次の行列が正則かどうかを調べ，正則ならその逆行列を求めよ．

（1） $\begin{bmatrix} 2 & 1 \\ 3 & 4 \end{bmatrix}$ （2） $\begin{bmatrix} 4 & 8 \\ 1 & 2 \end{bmatrix}$ （3） $\begin{bmatrix} 1 & 3 & 2 \\ 2 & 7 & 6 \\ 3 & 6 & 2 \end{bmatrix}$

4. 図 2.12 の入力 $v_i(t)$ を入力 u，$v_0(t)$ を出力 y とする状態方程式を求めよ．

5. 次の $\boldsymbol{A}$，$\boldsymbol{b}$，$\boldsymbol{c}$ で与えられるシステムの伝達関数を求めよ．

（1） $\boldsymbol{A} = \begin{bmatrix} 0 & 1 \\ -2 & -3 \end{bmatrix}$, $\boldsymbol{b} = \begin{bmatrix} 0 \\ 1 \end{bmatrix}$, $\boldsymbol{c} = [3 \ 1]$

（2） $\boldsymbol{A} = \begin{bmatrix} 0 & 1 \\ -5 & -6 \end{bmatrix}$, $\boldsymbol{b} = \begin{bmatrix} 0 \\ 1 \end{bmatrix}$, $\boldsymbol{c} = [2 \ 0]$

6. 次のシステムの可制御性，可観測性を判定せよ．

（1） $\dot{x} = \begin{bmatrix} -1 & 2 \\ -1 & -4 \end{bmatrix} x + \begin{bmatrix} 1 \\ 1 \end{bmatrix} u$, $y = [1 \ 0] x$

（2） $\dot{x} = \begin{bmatrix} 0 & 1 \\ 3 & 2 \end{bmatrix} x + \begin{bmatrix} 1 \\ -1 \end{bmatrix} u$, $y = [1 \ 1] x$

付録

自動制御理論では，t 領域の事象を s 領域に移して取り扱うことが多い．この変換がラプラス変換である．したがって，自動制御の勉強にはラプラス変換およびラプラス逆変換に関してよく理解しておかなければならない．付録にこれらについて理解が得られるようまとめた．

1. 複素数

複素数は a, b を実数とするとき，$Z = a + jb$ で表現される極座標表示の**ベクトル**と考えるのが理解しやすい．ベクトルとは，大きさと方向を持つもので，付図1のように大きさを $|Z|$ で，方向を基準からの角度 φ で表す．j は複素係数で $j^2 = -1$ という関係にあるが，物理的には実数 b のベクトルを $\pi/2$ 進めることを意味する．

したがって**ベクトル Z** は，付図1のようにベクトル a とベクトル jb のベクトル和である．a は Z の基準ベクトルであるが，Z の**実数部**，b を Z の**虚数部**といい，$a = \mathrm{Re}(Z)$，$b = \mathrm{Im}(Z)$ と表すことがある．

横軸に実数部を，縦軸に虚数部を取る直交座標を複素平面または s 平面という．複素数に関する公式をまとめると，次のようになる．

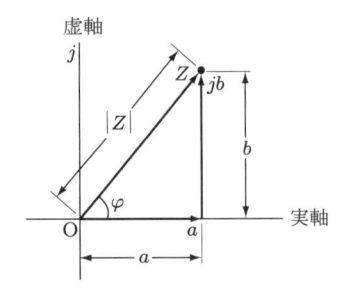

付図1　ベクトル Z

(1) 加減乗除

$$\text{加減法}: (a+jb) \pm (c+jd) = (a \pm c) + j(b \pm d) \tag{1}$$

$$\text{乗 法}: (a+jb)(c+jd) = (ac-bd) + j(ad+bc) \tag{2}$$

$$\text{除 法}: \frac{(a+jb)}{(c+jd)} = \frac{(ac+bd)}{(c^2+d^2)} + j\frac{(bc-ad)}{(c^2+d^2)} \tag{3}$$

ただし，$c+jd \neq 0$ とする．

(2) 共役複素数

複素数 $Z = a+jb$ に対し，$\bar{Z} = a-jb$ を Z の**共役複素数**という．このとき，以下の関係が成立する．

$$Z \cdot \bar{Z} = a^2 + b^2 = |Z|^2 = |\bar{Z}|^2 \tag{4}$$

(3) 複素数 $Z = a+jb$ は，実数部 a(基準ベクトル a)，虚数部 b(ベクトル jb)であり実数部 a を横座標に，虚数部 b を縦座標とする複素平面上に示すと付図1となる．このとき，以下の関係式が成立する．

$$a = |Z|\cos\varphi, \quad b = |Z|\sin\varphi \tag{5}$$

$$|Z| = \sqrt{a^2+b^2}, \quad \varphi = \tan^{-1}\frac{b}{a} \tag{6}$$

$$Z = a+jb = |Z|(\cos\varphi + j\sin\varphi) = |Z|e^{j\varphi} \tag{7}$$

$e^{j\varphi} = \cos\varphi + j\sin\varphi$ を**オイラーの式**という．

2. ラプラス変換

時間 t の関数 $f(t)$ に関して，次式のように e^{-st} を掛け，t に関して 0 から ∞ まで無限積分を行う計算を $f(t)$ の**ラプラス変換**といい $\mathcal{L}[f(t)]$ で表す．このとき，$\mathcal{L}[f(t)] = F(s)$ と置くと，$f(t)$ を $F(s)$ の**原関数**，$F(s)$ を $f(t)$ の**像関数**という．

$$\mathcal{L}[f(t)] = F(s) = \int_0^\infty f(t)e^{-st}dt \tag{8}$$

式 (8) に示すように，時間関数 $f(t)$ が与えられるとラプラス変換 $F(s)$ が求まる．また，s の関数 $F(s)$ を与えると**ラプラス逆変換**により $f(t)$ が定まる．逆変換は形式的に $\mathcal{L}^{-1}[F(s)]$ で表され，関数論により次式となる．

$$f(t) = \mathcal{L}^{-1}[F(s)] = \frac{1}{2\pi j}\int_{c-j\infty}^{c+j\infty} F(s)e^{st}ds \quad t \geq 0 \qquad (9)$$

実際には式 (9) を計算することはなく，ラプラス変換表を使用するなどして $f(t)$ を求める．ラプラス変換に関していくつかの公式があるので，以下にそれらを説明する．

（1）線形性

$$\mathcal{L}[f_1(t) \pm f_2(t)] = \mathcal{L}[f_1(t)] \pm \mathcal{L}[f_2(t)] = F_1(s) \pm F_2(s) \qquad (10)$$

関数の和または差のラプラス変換は，それぞれのラプラス変換の和または差となる．また，a を定数とすると，

$$\mathcal{L}[af(t)] = a\mathcal{L}[f(t)] = aF(s) \qquad (11)$$

このように，原関数の和または差，および定数の積が像関数でも成立することを線形性という．なお，ラプラス逆変換においても線形性は成立する．

【例題1】 $f(t) = 1$ のときのラプラス変換を求めよ．

【解】 $F(s) = \displaystyle\int_0^\infty f(t)e^{-st}dt = \int_0^\infty 1 \cdot e^{-st}dt$

$$= \left[-\frac{1}{s}e^{-st}\right]_0^\infty = 0 - \left(-\frac{1}{s}\right) = \frac{1}{s} \qquad ①$$

$t = 0$ で1だけ階段状に変化する関数，すなわち，

$$f(t) = \begin{cases} 0, & t < 0 \\ 1, & t > 0 \end{cases} \qquad ②$$

である関数を，**単位階段状関数**または**単位ステップ関数**といい，$u(t)$ または1で表す（付図2）．したがって，$u(t)$ のラプラス変換は次のようになる．

$$\mathcal{L}[u(t)] = \mathcal{L}[1] = \frac{1}{s} \qquad ③$$

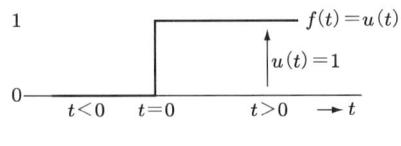

付図2 単位段階状関数

また，定数 a のラプラス変換は，線形性より，

$$\mathscr{L}[a] = \mathscr{L}[a \cdot 1] = \frac{a}{s} \qquad ④$$

【例題2】 $f(t) = t$ のラプラス変換を求めよ．
【解】 定義式から，

$$F(s) = \int_0^\infty f(t)e^{-st}dt = \int_0^\infty te^{-st}dt$$

部分積分の公式 $\int_0^\infty udv = [uv]_0^\infty - \int_0^\infty vdu$ を用い，$u = t$, $dv = e^{-st}dt$ と置くと，$du = dt$, $v = -(1/s)e^{-st}$ となるので，

$$F(s) = \int_0^\infty te^{-st}dt = \left[t \cdot \left(-\frac{1}{s}e^{-st}\right)\right]_0^\infty - \int_0^\infty \left(-\frac{1}{s}e^{-st}\right)dt$$

$$= 0 + \frac{1}{s}\int_0^\infty e^{-st}dt = 0 + \frac{1}{s} \cdot \frac{1}{s} = \frac{1}{s^2}$$

したがって，$\mathscr{L}[t] = \dfrac{1}{s^2}$ ①

時間とともに一定速度で変化する関数を**ランプ関数**といい，$f(t) = vt$ で表す（付図3）．ランプ関数のラプラス変換は，線形性より，

$$\mathscr{L}[vt] = \frac{v}{s^2} \qquad ②$$

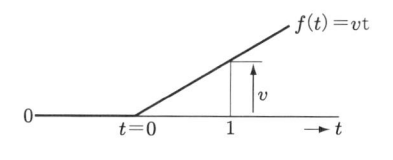

付図3　ランプ関数

【例題3】 $f(t) = e^{-at}$ をラプラス変換せよ．
【解】 $F(s) = \int_0^\infty f(t)e^{-st}dt = \int_0^\infty e^{-at}e^{-st}dt = \int_0^\infty e^{-(s+a)t}dt$

$$= \left[-\frac{e^{-(s+a)t}}{s+a}\right]_0^\infty = \frac{1}{s+a}$$

したがって，

$$\mathscr{L}[e^{-at}] = \frac{1}{s+a} \qquad ①$$

また，$\mathscr{L}[e^{at}] = 1/(s-a)$ である．これらの関係は逆ラプラス変換をする際，しばしば利用される．

【例題 4】 $f(t) = \sin\omega t$ をラプラス変換せよ．$f(t) = \cos\omega t$ はどうなるか．
【解】 $\sin\omega t = (1/2j)\{e^{j\omega t} - e^{-j\omega t}\}$ であるから，例題 3 の式①を利用して，

$$\mathscr{L}[\sin\omega t] = \frac{1}{2j}\{\mathscr{L}[e^{j\omega t}] - \mathscr{L}[e^{-j\omega t}]\}$$

$$= \frac{1}{2j}\left\{\frac{1}{s-j\omega} - \frac{1}{s+j\omega}\right\} = \frac{\omega}{s^2+\omega^2} \qquad ①$$

同様にして，$\cos\omega t = (1/2)\{e^{j\omega t} + e^{-j\omega t}\}$ であるから，

$$\mathscr{L}[\cos\omega t] = \frac{1}{2}\left\{\frac{1}{s-j\omega} + \frac{1}{s+j\omega}\right\} = \frac{s}{s^2+\omega^2} \qquad ②$$

また，$\sinh at = (1/2)\{e^{at} - e^{-at}\}$，$\cosh at = (1/2)\{e^{at} + e^{-at}\}$ であるから，

$$\mathscr{L}[\sinh at] = \frac{a}{(s^2-a^2)} \qquad ③$$

$$\mathscr{L}[\cosh at] = \frac{s}{(s^2-a^2)} \qquad ④$$

であることがわかる．

(2) 微 分

関数 $f(t)$ の微分 $df(t)/dt$ についてのラプラス変換は，次のようになる．

$$\mathscr{L}\left[\frac{df(t)}{dt}\right] = sF(s) - f(+0) \qquad (12)$$

【証】 関数 $f(t)$ の導関数のラプラス変換は，部分積分の公式 $\int_0^\infty u\,dv = [uv]_0^\infty - \int_0^\infty v\,du$ を用いて，$u = e^{-st}$，$dv = \dfrac{df(t)}{dt}dt$ と置いて，

$$\mathscr{L}\left[\frac{df(t)}{dt}\right] = \int_0^\infty \frac{df(t)}{dt} e^{-st} dt = \int_0^\infty e^{-st} \frac{df(t)}{dt} dt$$

$$= \left[e^{-st}f(t)\right]_0^\infty + s\int_0^\infty e^{-st}f(t)\,dt$$

ここで，$\lim_{t \to \infty} e^{-st}f(t) = 0$ とすると，

$$\mathscr{L}\left[\frac{df(t)}{dt}\right] = -f(+0) + sF(s)$$

ここで，$f(+0)$ は $t>0$ から 0 に近づいたときの $f(t)$ の値，すなわち**初期値**である．自動制御系において伝達関数を求めるためのラプラス変換においては，この初期値は無視して取り扱う．

2 回の微分 $d^2f(t)/dt^2 = f^{(2)}(t)$ とすると，

$$\mathscr{L}[f^{(2)}(t)] = s^2 F(s) - sf(+0) - f^{(1)}(+0) \tag{13}$$

同様にして，n 回の微分は，

$$\mathscr{L}\left[\frac{d^n f(t)}{dt^n}\right] = s^n F(s) - s^{n-1}f(+0) - s^{n-2}f^{(1)}(+0) - \cdots - f^{(n-1)}(+0) \tag{14}$$

【例題5】 $\mathscr{L}[1] = 1/s$ を用いて，$\mathscr{L}[t]$ を求めよ．

【解】
$$\mathscr{L}\left[\frac{df(t)}{dt}\right] = sF(s) - f(+0) = s\mathscr{L}[f(t)] - f(+0) \quad ①$$

ここで，$f(t) = t$ とすると，$df(t)/dt = 1$, $f(+0) = [t]_{t=+0} = 0$ であるから，$F(s) = \mathscr{L}[t]$ とともに式①に代入すると，

$$\mathscr{L}[1] = s\mathscr{L}[t] - 0$$
$$\therefore \quad \mathscr{L}[t] = \frac{1}{s}\mathscr{L}[1] = \frac{1}{s}\cdot\frac{1}{s} = \frac{1}{s^2} \quad ②$$

この方法を用いれば，

$$\mathscr{L}[t^2] = \frac{2\cdot 1}{s^3} = \frac{2!}{s^3} \quad ③$$

$$\mathscr{L}[t^n] = \frac{n!}{s^{n+1}} \quad ④$$

であることが容易にわかる．

【例題6】 $\mathcal{L}[\sin t]$ を求めよ.
【解】
$$\mathcal{L}[f^{(2)}(t)] = s^2 F(s) - sf(+0) - f^{(1)}(+0) \qquad ①$$

ここで, $f(t) = \sin t$, $f(+0) = \sin(+0) = 0$
$f^{(1)}(t) = \cos t$, $f^{(1)}(+0) = \cos(+0) = 1$, $f^{(2)}(t) = -\sin t$,
$F(s) = \mathcal{L}[\sin t]$

これらの関係を式①に代入すると,
$$\mathcal{L}[-\sin t] = s^2 \mathcal{L}[\sin t] - s\cdot 0 - 1$$
$$\therefore \mathcal{L}[\sin t] = \frac{1}{(s^2+1)} \qquad ②$$

(3) 積 分

$$\mathcal{L}\left[\int f(t)\,dt\right] = \frac{1}{s} F(s) + \frac{1}{s} f^{(-1)}(+0) \qquad (15)$$

ここに, $f^{(-1)}(t) = \int f(t)\,dt$ である.

【証】 部分積分法 $\int u\,dv = uv - \int v\,du$ を用い, $\int f(t)\,dt = u$, $e^{-st}dt = dv$ と置くと, $f(t)\,dt = du$, $-(1/s)e^{-st} = v$. ゆえに,

$$\begin{aligned}
\mathcal{L}\left[\int f(t)\,dt\right] &= \int_0^\infty \left\{\int f(t)\,dt\right\} e^{-st} dt \\
&= \left[-\frac{e^{-st}}{s} \int f(t)\,dt\right]_0^\infty + \frac{1}{s}\int_0^\infty f(t) e^{-st} dt \\
&= \frac{1}{s} f^{(-1)}(+0) + \frac{1}{s} F(s) \\
&= \frac{1}{s} F(s) + \frac{1}{s} f^{(-1)}(+0)
\end{aligned}$$

【例題7】 $\mathcal{L}[u(t)] = \dfrac{1}{s}$ を用いて $\mathcal{L}[t]$ を求めよ.

【解】 $\int u(t)\,dt = t$ であるから, $\mathcal{L}[t] = \mathcal{L}\left[\int u(t)\,dt\right]$
式 (15) より,

$$\mathcal{L}\left[\int u(t)\,dt\right] = \frac{1}{s}\mathcal{L}[u(t)] + \frac{1}{s}[t]_{t=+0} = \frac{1}{s^2} \qquad ①$$

同様に,

$$\mathcal{L}\left[\frac{1}{2}t^2\right] = \mathcal{L}\left[\int t\,dt\right] = \frac{1}{s}\mathcal{L}[t] + \frac{1}{s}\left[\frac{1}{2}t^2\right]_{t=+0} = \frac{1}{s^3} \qquad ②$$

①, ②は例題5の式②, ③と同じである.

(2), (3)項は時間 t 領域における微分と積分であったが, 次に示すのは s 領域における微分と積分である.

(4) s 領域における微分

$$\mathcal{L}[tf(t)] = (-1)^1 \frac{dF(s)}{ds} \qquad (16)$$

【証】

$$\begin{aligned}
(-1)^1 \frac{dF(s)}{ds} &= -\frac{d}{ds}\left\{\int_0^\infty f(t)e^{-st}dt\right\} \\
&= -\int_0^\infty f(t)\frac{de^{-ts}}{ds}dt \\
&= \int_0^\infty tf(t)e^{-st}dt = \mathcal{L}[tf(t)]
\end{aligned}$$

すなわち, 原関数 $f(t)$ に t を乗ずることは, 像関数では $F(s)$ を s について1回微分し $(-1)^1$ を乗ずることである. また, 原関数に t^n を乗ずることは, 像関数を s について n 回微分して $(-1)^n$ を乗ずることになる. すなわち, $\mathcal{L}[t^n f(t)] = (-1)^n F^{(n)}(s)$ である.

(5) s 領域における積分

$$\mathcal{L}\left[\frac{f(t)}{t}\right] = \int_s^\infty F(s)\,ds \qquad (17)$$

【証】

$$\begin{aligned}
\int_s^\infty F(s)\,ds &= \int_s^\infty \left\{\int_0^\infty f(t)e^{-st}dt\right\}ds \\
&= \int_0^\infty f(t)\left[\int_s^\infty e^{-st}ds\right]dt \\
&= \int_0^\infty f(t)\left[-\frac{1}{t}e^{-ts}\right]_s^\infty dt
\end{aligned}$$

$$= \int_0^\infty \frac{1}{t} f(t) e^{-st} dt = \mathscr{L}\left[\frac{f(t)}{t}\right]$$

原関数 $f(t)$ を t で除することは，像関数では $F(s)$ を s について 1 回積分することになる．

【例題 8】 $\mathscr{L}[\sin at] = a/(s^2 + a^2)$ を知り，$\mathscr{L}[t \sin at]$ を求めよ．

【解】 $\mathscr{L}[f(t)] = F(s)$ なら，$\mathscr{L}[tf(t)] = -dF(s)/ds$ を用いる．

$$\mathscr{L}[t \sin at] = -\frac{d}{ds}\left\{\frac{a}{s^2 + a^2}\right\} = -\frac{0 \cdot (s^2 + a^2) - a2s}{(s^2 + a^2)^2}$$

$$= \frac{2as}{(s^2 + a^2)^2}$$

同様に，

$$\mathscr{L}[t \cos at] = -\frac{d}{ds}\left\{\frac{s}{s^2 + a^2}\right\} = -\frac{s^2 + a^2 - 2s^2}{(s^2 + a^2)^2} = \frac{s^2 - a^2}{(s^2 + a^2)^2}$$

【例題 9】

$\mathscr{L}\left[\frac{(e^{-at} - e^{-bt})}{t}\right]$ を求めよ．

【解】 $\mathscr{L}\left[\frac{(e^{-at} - e^{-bt})}{t}\right] = \int_s^\infty \left(\frac{1}{s+a} - \frac{1}{s+b}\right) ds$

$$= \left[\ln\frac{s+a}{s+b}\right]_s^\infty = \ln\frac{s+b}{s+a}$$

（6） t 領域における移動

付図 4 に示すように，$f(t-a)$ は $f(t)$ と同じ波形で時間的に a だけずれた関数である．$f(t-a)$ のラプラス変換を求める．定義式により，

$$\mathscr{L}[f(t-a)] = \int_0^\infty f(t-a) e^{-st} dt$$

$$= \int_0^a f(t-a) e^{-st} dt + \int_a^\infty f(t-a) e^{-st} dt$$

$t < 0$ では $f(t) = 0$ であるから，$t < a$ では $f(t-a) = 0$．したがって上式の第一項は 0 となる．ここで $\tau = t - a$ と置けば，

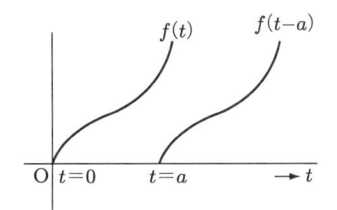

付図 4 t 領域における関数の移動

$$\mathscr{L}[f(t-a)] = \int_0^\infty f(\tau)e^{-s\tau}e^{-sa}d\tau$$
$$= e^{-sa}\int_0^\infty f(\tau)e^{-s\tau}d\tau = e^{-sa}F(s) \qquad (18)$$

すなわち，t 領域で時間を a だけずらすことは，s 領域においては e^{-sa} を乗ずることである．

（7） s 領域における移動

s 領域で b だけずらして $s+b$ としたときは，

$$F(s+b) = \int_0^\infty f(t)e^{-(s+b)t}dt$$
$$= \int_0^\infty \{f(t)e^{-bt}\}e^{-st}dt$$

よって，

$$\mathscr{L}[f(t)e^{-bt}] = F(s+b) \qquad (19)$$

すなわち，s 領域で s を $(s+b)$ に置きかえると，t 領域では e^{-bt} が乗ぜられる．

【例題 10】 $f(t) = t$ という関数を，a だけ右に移動したときのラプラス変換を求めよ．
【解】 $\mathscr{L}[t] = 1/s^2$ であるから，

$$\mathscr{L}[t-a] = e^{-as}\int_0^\infty te^{-st}dt = \frac{e^{-as}}{s^2} \qquad ①$$

【例題 11】 付図 5 のような方形波のラプラス変換を求めよ．
【解】 $t > 0$ のとき $f_1(t)$ で，$t > T$ のときの関数を $f_2(t)$ と置けば，

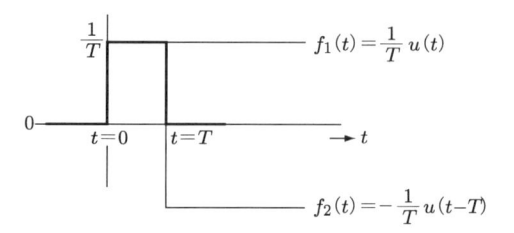

付図5　方形波の生成

$$\mathcal{L}[f_1(t) + f_2(t)] = \mathcal{L}[f_1(t)] + \mathcal{L}[f_2(t)]$$
$$= \mathcal{L}\left[\frac{1}{T}u(t)\right] + \mathcal{L}\left[-\frac{1}{T}u(t-T)\right]$$
$$= \frac{1}{T}\frac{1}{s} - e^{-sT}\frac{1}{T}\frac{1}{s} = \frac{1-e^{-sT}}{sT} \qquad ①$$

付図5の方形波は，次のように表現される面積を1とする関数である．

$$f(t) = \begin{cases} \dfrac{1}{T} & T > t > 0 \\ 0 & t > T \quad \text{または} \quad t < 0 \end{cases} \qquad ②$$

いま，面積を1に保っておいて，T を0に近づけると振幅は極めて大きくなり，**単位インパルス関数 $\delta(t)$** を表す．$\delta(t)$ のラプラス変換は，

$$\mathcal{L}[\delta(t)] = \lim_{T \to 0} \frac{(1-e^{-sT})}{sT}$$

これは 0/0 となるので分母，分子をそれぞれ T について微分することにより，

$$\mathcal{L}[\delta(t)] = \lim_{T \to 0}\left(\frac{se^{-sT}}{s}\right) = 1 \qquad ③$$

【例題12】　$\mathcal{L}[t] = 1/s^2$ を知り，$\mathcal{L}[e^{-at}\cdot t]$ を求めよ．
【解】　式 (19) の s 領域における移動則を用いて，

$$\mathcal{L}[e^{-at}\cdot t] = \frac{1}{(s+a)^2} \qquad ①$$

なお，この問題は「s 領域における微分」を用いれば，$\mathcal{L}[e^{-at}]$ を知ることにより，$\mathcal{L}[e^{-at}\cdot t]$ を求めることができ，結果は同じになる．

【例題 13】 $\mathscr{L}[e^{-at}\cos\omega t]$ を求めよ.
【解】 s 領域における移動則より,$\mathscr{L}[\cos\omega t] = s/(s^2 + \omega^2)$ であるから,

$$\mathscr{L}[e^{-at}\cos\omega t] = \frac{s + a}{(s + a)^2 + \omega^2} \qquad ①$$

(8) 相似性

$a > 0$ のとき,次の 2 式が成り立つ.これをラプラス変換の相似性,または拡大性という.

$$\mathscr{L}[f(at)] = \frac{1}{a}F\left(\frac{s}{a}\right) \qquad (20)$$

$$\mathscr{L}\left[f\left(\frac{t}{a}\right)\right] = aF(as) \qquad (21)$$

【証】 $\mathscr{L}[f(at)] = \int_0^\infty f(at)e^{-st}dt,\ (a > 0)$

いま,$at = \tau$ と置くと,$dt = d\tau/a$,$t = \tau/a$ であるから,

$$\mathscr{L}[f(at)] = \int_0^\infty f(\tau)e^{-s\frac{\tau}{a}}\frac{d\tau}{a} = \frac{1}{a}\int_0^\infty f(\tau)e^{-\frac{s}{a}\tau}d\tau$$

これは定義式の s のかわりに s/a と置いたものに等しいから,

$$\mathscr{L}[f(at)] = \frac{1}{a}F\left(\frac{s}{a}\right)$$

このことから,次式が求まる.

$$\mathscr{L}\left[f\left(\frac{t}{a}\right)\right] = aF(as)$$

【例題 14】 $\mathscr{L}[\cos\omega t] = s/(s^2 + \omega^2)$ を知り,$\mathscr{L}[\cos t]$ を求めよ.
【解】

$$\mathscr{L}[\cos t] = \mathscr{L}\left[\cos\left(\frac{\omega t}{\omega}\right)\right] = \omega\frac{\omega s}{(\omega s)^2 + \omega^2} = \frac{s}{s^2 + 1} \qquad ①$$

逆に,$\mathscr{L}[\cos t]$ を知れば,式 (20) を利用して $\mathscr{L}[\cos\omega t]$ を知ることができる.

相似性は，線形性 $\mathscr{L}[af(t)] = aF(s)$ とは異なることに注意を要する．なお，相似性と移動の定理とを組み合せると，次式が求められる．

$$\mathscr{L}[f(at-b)] = \mathscr{L}\left[f\left\{a\left(t-\frac{b}{a}\right)\right\}\right] = \frac{1}{a}e^{-\frac{b}{a}s}F\left(\frac{s}{a}\right) \tag{22}$$

3. ラプラス逆変換

原関数 $f(t)$ から像関数 $F(s)$ を求めてきたが，それらを利用して $F(s)$ から $f(t)$ を求めるラプラス逆変換は，一般にはラプラス変換表から結合と分解によって求めるのが普通である．すなわち，s 領域における定数係数線形微分方程式 $F(s)$ の解は有理式であるので，これを部分分数に分解することによってラプラス逆変換を行う．そこで部分分数に分解する方法について考える．

（1） 部分分数への分解と展開定理

一般に，$F(s)$ が $p(s)$，$q(s)$ をそれぞれ n 次と m 次の多項式として，次のように与えられている場合について考える．

$$F(s) = \frac{q(s)}{p(s)} = \frac{b_0 s^m + b_1 s^{m-1} + \cdots + b_m}{s^n + a_1 s^{n-1} + \cdots + a_n} \tag{23}$$

ここで，$a_1, \cdots, a_n, b_0, b_1, \cdots, b_n$ は実数，n, m は正の整数である．実在の制御系においては，$n \geq m$ である．この式が部分分数に分解されるためには，$p(s)$ は一次因数に分解する必要がある．

いま，$p(s) = 0$ の根を用いて $p(s)$ を一次因数に分解し，$F(s)$ を**部分分数**に分解すると次のようになる．ただし，$s_1, s_2, \cdots, s_n$ は $p(s) = 0$ の根である．

$$F(s) = \frac{q(s)}{p(s)} = \frac{K_1}{s-s_1} + \frac{K_2}{s-s_2} + \cdots + \frac{K_i}{s-s_i} + \cdots + \frac{K_n}{s-s_n} \tag{24}$$

一般項 K_i を求めるには，式 (24) の両辺に $(s-s_i)$ を乗じ，$s = s_i$ と置く．

$$K_i = \left[(s-s_i)\frac{q(s)}{p(s)}\right]_{s=s_i} = [(s-s_i)F(s)]_{s=s_i} \tag{25}$$

このとき，$p(s)$ には $(s-s_i)$ の項を含むので，分子と分母の $(s-s_i)$ を約分すれば K_i を求めることができる．いま，約分しないで $s = s_i$ を代入すると式 (25) は形式的に 0/0 の不定形になる．そこで，分母分子をそれぞれ s で微分して K_i を求める．

$$K_i = \left[\frac{q(s) + (s-s_i)q'(s)}{p'(s)}\right]_{s=s_i} = \left[\frac{q(s)}{p'(s)}\right]_{s=s_i} \qquad (26)$$

式 (25) の代わりに，式 (26) を用いて K_i を求めてもよい．ここに，$p'(s) = dp(s)/ds = p^{(1)}(s)$ である．したがって，式 (24) は次式のように表現できる．

$$F(s) = \frac{q(s)}{p(s)} = \sum_{i=1}^{n} \frac{q(s_i)}{p'(s_i)} \frac{1}{s-s_i} \qquad (27)$$

$F(s)$ をラプラス逆変換した結果 $f(t)$ は次のようになる．

$$f(t) = \mathcal{L}^{-1}\{F(s)\} = \mathcal{L}^{-1}\left\{\frac{q(s)}{p(s)}\right\} = \sum_{i=1}^{n} \frac{q(s_i)}{p'(s_i)} e^{s_i t} \qquad (28)$$

この式 (28) を，**ヘビサイドの展開定理**という．

$p(s) = 0$ の根が，「実根の場合」「ゼロ根のある場合」「虚根の場合」「複素根の場合」について，それぞれ実例で逆変換の方法を説明する．

【例題 15】 $F(s) = (2s+1)/(s^2 + 5s + 6)$ のとき，$f(t)$ を求めよ．
【解】
$$\frac{2s+1}{s^2+5s+6} = \frac{2s+1}{(s+2)(s+3)} = \frac{K_1}{s+2} + \frac{K_2}{s+3}$$

式 (25) を用いて K_1 を求めるときは，両辺に $(s+2)$ を乗じ，分母・分子を $(s+2)$ で約分する．K_2 を求めるときは $(s+3)$ を乗じ，分母・分子を $(s+3)$ で約分して，

$$K_1 = [(s+2)F(s)]_{s=-2} = \left[\frac{2s+1}{s+3}\right]_{s=-2} = -3$$
$$K_2 = [(s+3)F(s)]_{s=-3} = \left[\frac{2s+1}{s+2}\right]_{s=-3} = 5$$

したがって，
$$f(t) = \mathcal{L}^{-1}\left[\frac{2s+1}{s^2+5s+6}\right] = \mathcal{L}^{-1}\left[\frac{-3}{s+2} + \frac{5}{s+3}\right]$$
$$= 5e^{-3t} - 3e^{-2t}$$

K_1, K_2 を，式 (26) より求めると次のようになり，結果は同じである．

$$p(s) = s^2 + 5s + 6 = (s+2)(s+3), \quad q(s) = 2s+1$$

$p'(s) = 2s + 5$, $p(s) = 0$ と置いて, $p(s)$ の根 s_1, s_2 を求めると,

$$s_1 = -2, \quad s_2 = -3$$

$$K_1 = \left[\frac{2s+1}{2s+5}\right]_{s_1=-2} = -3, \quad K_2 = \left[\frac{2s+1}{2s+5}\right]_{s_2=-3} = 5$$

この例題のように, $p(s) = 0$ の根が実根の場合, $f(t)$ は指数関数となる.

【例題16】 $F(s) = (s+2)/(s(s+5))$ のとき, $f(t)$ を求めよ.
【解】
$$F(s) = \frac{s+2}{s(s+5)} = \frac{K_1}{s} + \frac{K_2}{s+5}$$

式 (47) を適用して,

$$K_1 = [sF(s)]_{s=0} = \left[\frac{s+2}{s+5}\right]_{s=0} = \frac{2}{5}$$

$$K_2 = [(s+5)F(s)]_{s=-5} = \left[\frac{s+2}{s}\right]_{s=-5} = \frac{3}{5}$$

$$\therefore \quad f(t) = \mathcal{L}^{-1}[F(s)] = \frac{2}{5} + \frac{3}{5}e^{-5t}$$

この例題のように, $p(s) = 0$ の根にゼロ根がある場合, $f(t)$ には定数の項が存在する.

【例題17】 $F(s) = (s+1)/(s^2+4)$ のとき, $f(t)$ を求めよ.
【解】
$$F(s) = \frac{s+1}{(s-j2)(s+j2)} = \frac{K_1}{s-j2} + \frac{K_2}{s+j2} \quad \text{と置くと,}$$

$$K_1 = [(s-j2)F(s)]_{s=j2} = \left[\frac{s+1}{s+j2}\right]_{s=j2} = \frac{1+j2}{j4} = \frac{1}{2} + \frac{1}{j4} \quad \text{①}$$

$$K_2 = [(s+j2)F(s)]_{s=-j2} = \left[\frac{s+1}{s-j2}\right]_{s=-j2} = \frac{1-j2}{-j4} = \frac{1}{2} - \frac{1}{j4} \quad \text{②}$$

$$\therefore \quad F(s) = \left(\frac{1}{2} + \frac{1}{j4}\right)\frac{1}{s-j2} + \left(\frac{1}{2} - \frac{1}{j4}\right)\frac{1}{s+j2} \quad \text{③}$$

$$\therefore \quad f(t) = \mathcal{L}^{-1}[F(s)] = \left(\frac{1}{2} + \frac{1}{j4}\right)e^{j2t} + \left(\frac{1}{2} - \frac{1}{j4}\right)e^{-j2t}$$

$$= \frac{1}{2}(e^{j2t} + e^{-j2t}) + \frac{1}{2}\frac{1}{j2}(e^{j2t} - e^{-j2t})$$

$$= \cos 2t + \frac{1}{2}\sin 2t \qquad ④$$

この例題のように，$p(s) = 0$ の根が虚根の場合，$f(t)$ は正弦波で表現される．なお，$F(s) = (s+1)/(s^2+4) = s/(s^2+2^2) + (1/2)(2/(s^2+2^2))$ と考えれば，$f(t)$ は式④になることが簡単にわかる．

【例題18】 $F(s) = (2s+1)/(s^2+4s+13)$ のとき，$f(t)$ を求めよ．
【解】
$$F(s) = \frac{2s+1}{s^2+4s+13} = \frac{2s+1}{\{s-(-2+j3)\}\{s-(-2-j3)\}}$$
$$= \frac{K_1}{s+2-j3} + \frac{K_2}{s+2+j3}$$

と置くと，

$$K_1 = \left[(s+2-j3)F(s)\right]_{s=-2+j3} = \left[\frac{2s+1}{s+2+j3}\right]_{s=-2+j3}$$
$$= \frac{-4+j6+1}{j6} = 1 - \frac{1}{j2} \qquad ①$$
$$K_2 = \left[(s+2+j3)F(s)\right]_{s=-2-j3} = \left[\frac{2s+1}{s+2-j3}\right]_{s=-2-j3}$$
$$= \frac{-4-j6+1}{-j6} = 1 + \frac{1}{j2} \qquad ②$$
$$\therefore\ F(s) = \left(1-\frac{1}{j2}\right)\frac{1}{s+2-j3} + \left(1+\frac{1}{j2}\right)\frac{1}{s+2+j3} \qquad ③$$
$$\therefore\ f(t) = \mathcal{L}^{-1}[F(s)] = \left(1-\frac{1}{j2}\right)e^{(-2+j3)t} + \left(1+\frac{1}{j2}\right)e^{(-2-j3)t}$$
$$= e^{-2t}\left\{2\cdot\frac{1}{2}(e^{j3t}+e^{-j3t}) - \frac{1}{j2}(e^{j3t}-e^{-j3t})\right\}$$
$$= 2e^{-2t}\cos 3t - e^{-2t}\sin 3t \qquad ④$$

この例題のように，$p(s) = 0$ の根が複素根を持つ場合は，$f(t)$ は正弦波で表現されるが，その振幅が時間に伴い指数関数的に変化する．その指数関数の指数の性質，すなわち，複素根の実数部の符号によって，発散振動になるか，持続振動であるか，あるいは減衰振動になるかが決定される．

なお，この例題の $F(s)$ は式⑤のように変換されるので，像関数の移行則などの変換によって $f(t)$ を求めることも可能である．もちろん，式(28)のヘビサイドの展開定理によっても式④を求めることができる．

$$F(s) = \frac{2s+1}{s^2+4s+13} = \frac{2s+1}{(s+2)^2+3^2}$$
$$= 2\frac{s+2}{(s+2)^2+3^2} - \frac{3}{(s+2)^2+3^2} \qquad ⑤$$

【例題19】 $F(s) = 4/(s^2(s+2)^2)$ のとき，$f(t)$ を求めよ．

【解】 $p(s) = 0$ の根に重根がある場合で，このときの部分分数は，

$$F(s) = \frac{K_1}{s^2} + \frac{K_2}{s} + \frac{K_3}{(s+2)^2} + \frac{K_4}{s+2} \qquad ①$$

と置き，K_1 と K_3 とは式 (25) を用ればよい．

$$K_1 = [s^2 F(s)]_{s=0} = \left[\frac{4}{(s+2)^2}\right]_{s=0} = 1 \qquad ②$$

$$K_3 = [(s+2)^2 F(s)]_{s=-2} = \left[\frac{4}{s^2}\right]_{s=-2} = 1 \qquad ③$$

K_2 を求めるときには，式①の両辺に s^2 を乗ずる．

$$s^2 F(s) = \frac{4}{(s+2)^2} = K_1 + K_2 s + \frac{K_3 s^2}{(s+2)^2} + \frac{K_4 s^2}{(s+2)} \qquad ④$$

ここで，K_2 を残し K_1, K_3, K_4 の項を 0 とするために，式④の両辺を s で微分して $s = 0$ と置く．

$$\left[\frac{d}{ds}\left\{\frac{4}{(s+2)^2}\right\}\right]_{s=0} = K_2 + \left[\frac{2sK_3(s+2)^2 - 2(s+2)K_3 s^2}{(s+2)^4}\right]_{s=0}$$
$$+ \left[\frac{2K_4 s(s+2) - K_4 s^2}{(s+2)^2}\right]_{s=0} \qquad ⑤$$

式⑤の右辺の第 2 項と第 3 項とは 0 になるので，結局，

$$K_2 = \left[\frac{d}{ds}\{s^2 F(s)\}\right]_{s=0} = \left[\frac{d}{ds}\left\{\frac{4}{(s+2)^2}\right\}\right]_{s=0}$$
$$= \left[\frac{-2(s+2)\cdot 4}{(s+2)^4}\right]_{s=0} = -1 \qquad ⑥$$

同様に，

$$K_4 = \left[\frac{d}{ds}\{(s+2)^2 F(s)\}\right]_{s=-2} = \left[\frac{d}{ds}\left\{\frac{4}{s^2}\right\}\right]_{s=-2} = \left[\frac{-8}{s^3}\right]_{s=-2} = 1 \qquad ⑦$$

したがって，式①は次式で与えられる．

$$F(s) = \frac{1}{s^2} - \frac{1}{s} + \frac{1}{(s+2)^2} + \frac{1}{s+2}$$

よって，

$$f(t) = \mathcal{L}^{-1}[F(s)] = \mathcal{L}^{-1}\left[\frac{4}{s^2(s+2)^2}\right] = t - 1 + te^{-2t} + e^{-2t}$$

（2） $F(s)$ の分母と分子の次数が等しいとき

例題15〜19については，$p(s)$ の次数 n と $q(s)$ の次数 m について，$n > m$ として取り扱った．次に，$n = m$ の場合について述べる．

【例題20】 $F(s) = ((s+1)(s+3))/(s(s+2))$ のとき，$f(t)$ を求めよ．

【解】 分母，分子の次数が等しいときの部分分数の展開は，次のようになる．

$$F(s) = \frac{(s+1)(s+3)}{s(s+2)} = K_0 + \frac{K_1}{s} + \frac{K_2}{s+2} \quad ①$$

K_0 を求めるときは，式①の K_1, K_2 の項を 0 にすればよいので，$s \to \infty$ とする．

$$K_0 = [F(s)]_{s \to \infty} = \left[\frac{(s+1)(s+3)}{s(s+2)}\right]_{s \to \infty} = 1 \quad ②$$

$$K_1 = [sF(s)]_{s=0} = \left[\frac{(s+1)(s+3)}{s+2}\right]_{s=0} = \frac{3}{2} \quad ③$$

$$K_2 = [(s+2)F(s)]_{s=-2} = \left[\frac{(s+1)(s+3)}{s}\right]_{s=-2} = \frac{1}{2} \quad ④$$

$$\therefore \quad F(s) = \frac{(s+1)(s+3)}{s(s+2)} = 1 + \frac{3}{2}\frac{1}{s} + \frac{1}{2}\frac{1}{(s+2)} \quad ⑤$$

ここで，$F(s) = 1$ のとき，例題11 の式③より $f(t) = \delta(t)$ であるから，

$$f(t) = \delta(t) + \frac{3}{2} + \frac{1}{2}e^{-2t} \quad ⑥$$

なお，一般には $n > m$ で，そのとき式①の K_0 に相当する項は，$F(\infty) = 0$ であるので考慮しなくてよいことになる．

4. 最終値の定理と初期値の定理

(1) 最終値の定理

$f(t)$ の最終値（定常値）を像関数 $F(s)$ から逆変換することなく，直接求める方法として最終値の定理がある．

$$\lim_{t \to \infty} f(t) = \lim_{s \to 0} sF(s) \tag{29}$$

ただし，$sF(s)$ の極は s 平面上虚軸を含む右半平面に存在しないことを条件とする．

(2) 初期値の定理

$t \to 0$ における $f(t)$ の値に関しては，次の初期値の定理がある．

$$\lim_{t \to 0} f(t) = \lim_{s \to \infty} sF(s) \tag{30}$$

【例題21】 初期値の定理と最終値の定理を証明せよ．

【解】 $\int_0^\infty f^{(1)}(t) e^{-st} dt = sF(s) - f(+0)$ であるから， ①

$$\lim_{s \to \infty} \left\{ \int_0^\infty f^{(1)}(t) e^{-st} dt \right\} = \lim_{s \to \infty} \{sF(s) - f(+0)\}$$

ここで，

$$\lim_{s \to \infty} \int_0^\infty f^{(1)} e^{-st} dt = \int_0^\infty \lim_{s \to \infty} e^{-st} f^{(1)}(t) \, dt = 0$$

よって，

$$\lim_{s \to \infty} \{sF(s) - f(+0)\} = 0$$
$$\therefore \lim_{s \to \infty} sF(s) = f(+0) = \lim_{t \to +0} f(t) \quad \text{（初期値の定理）}$$

次に式①より，

$$\lim_{s \to 0} \left\{ \int_0^\infty f^{(1)}(t) e^{-st} dt \right\} = \int_0^\infty \lim_{s \to 0} e^{-st} f^{(1)}(t) \, dt = \int_0^\infty f^{(1)}(t) \, dt$$
$$= \lim_{t \to \infty} \int_0^t f^{(1)}(t) \, dt = \lim_{t \to \infty} \{f(t) - f(0)\} \quad ②$$

この左辺は式①より，

$$\lim_{s \to 0}\left\{\int_0^\infty f^{(1)}(t)e^{-st}dt\right\} = \lim_{s \to 0}\{sF(s) - f(+0)\} \qquad ③$$

$$\lim_{t \to \infty} f(0) = \lim_{s \to 0} f(+0) = f(0) \text{ であるから,}$$

式②,③より,

$$\lim_{t \to \infty} f(t) = \lim_{s \to 0} sF(s) \qquad (\text{最終値の定理})$$

【例題22】 $F(s) = (s+4)/s(s+2)$ という像関数がある.この原関数の初期値 $f(+0)$ と,最終値 $f(\infty)$ を求めよ.

【解】 初期値および最終値の定理より,

$$f(+0) = \lim_{s \to \infty} s\left\{\frac{(s+4)}{s(s+2)}\right\} = \lim_{s \to \infty}\left\{\left(1 + \frac{4}{s}\right)\bigg/\left(1 + \frac{2}{s}\right)\right\} = 1$$

$$f(\infty) = \lim_{s \to 0} s\left\{\frac{(s+4)}{s(s+2)}\right\} = \frac{4}{2} = 2$$

なお,$F(s) = (2/s) - (1/(s+2))$ であるので,$f(t) = 2 - e^{-2t}$ (付図6)で,これから求めると次のようになり,値は一致する.

$$f(0) = 2 - 1 = 1, \quad f(\infty) = 2 - 0 = 2$$

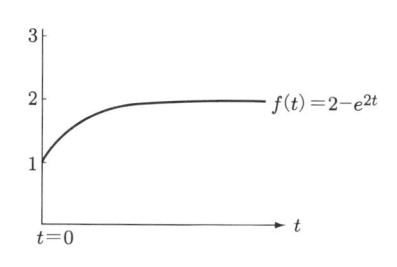

付図6 例題22における $f(t)$ の曲線

自動制御理論に常用される関数のラプラス変換表を,付表 (p.175) に記載した.

5. たたみ込み積分

$f_1(t), f_2(t)$ のラプラス変換をそれぞれ $F_1(s), F_2(s)$ とするとき,$t < 0$ においてそれぞれ $f_1(t) = 0,\ f_2(t) = 0$ なら次の式が成立する.

$$\mathcal{L}^{-1}[F_1(s)\cdot F_2(s)] = \int_0^t f_1(\tau)f_2(t-\tau)\,d\tau$$
$$= \int_0^t f_1(t-\tau)f_2(\tau)\,d\tau \tag{31}$$

これは，積 $F_1(s)\cdot F_2(s)$ をラプラス逆変換した結果が $f_1(t)\cdot f_2(t)$ ではなく，また，積 $f_1(t)f_2(t)$ のラプラス変換が，積 $F_1(s)\cdot F_2(s)$ ではないことを示しているので注意を要する．この式 (31) の右辺の積分を**たたみ込み積分**という．そこで，たたみ込み積分について厳密に検討することにする．

(1) 重み関数とたたみ込み積分

初期値がすべて 0 の状態にある線形要素に，単位インパルスを入力信号として加えたときの出力信号を，(単位)**インパルス応答**または**重み関数**という．いま，インパルス応答 $g(t)$ を持つ任意の線形要素に入力信号 $x(t)$ が加わるとき，出力信号 $y(t)$ がどのように与えられるかについて検討する．

付図 7(a) で入力信号 $x(t)$ において，$t=\tau$ と $t=\tau+\Delta\tau$ の間の切片をインパルスと考えると，これは大きさ $x(\tau)\Delta\tau$ のインパルス $x(\tau)\Delta\tau\delta(t-\tau)$ に相当し図 (b) のように考えられる．

これに対する応答は図 (d) のように，$g(t-\tau)x(\tau)\Delta\tau$ となる．要素は線形であるので，重ねの理により入力信号の全体について，$g(t-\tau)x(\tau)\Delta\tau$ の総和を取れば，求める出力信号 $y(t)$ になる．

$$y(t) = \lim_{\Delta\tau\to 0}\sum g(t-\tau)x(\tau)\Delta\tau = \int_0^\infty g(t-\tau)x(\tau)\,d\tau \tag{32}$$

ここで，出力信号が入力信号より先になることはないので，積分はいま考えている t の時点までを取り扱えばよいことになる．したがって，

$$y(t) = \int_0^t g(t-\tau)x(\tau)\,d\tau \tag{33}$$

として表される．なお，積分変数の変換により，式 (33) は，

$$y(t) = \int_0^t g(\tau)x(t-\tau)\,d\tau \tag{34}$$

とも書ける．式 (33)，(34) の積分を**たたみ込み積分**という．

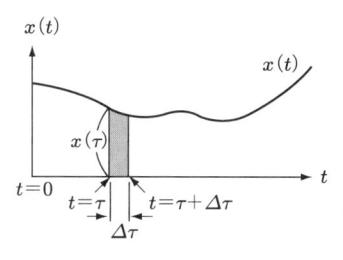

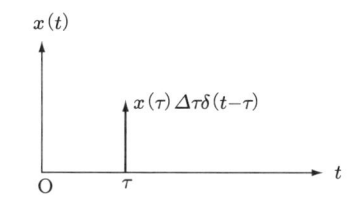

（a）入力信号波形 $x(t)$ と
　　$t=\tau$ での切片

（b）（a）における切片と等価な大きさの
　　$x(\tau)\Delta\tau$ のインパルス

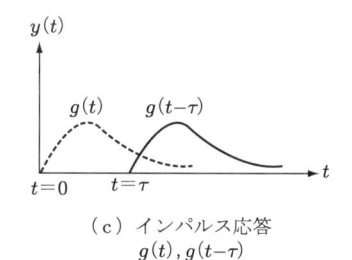

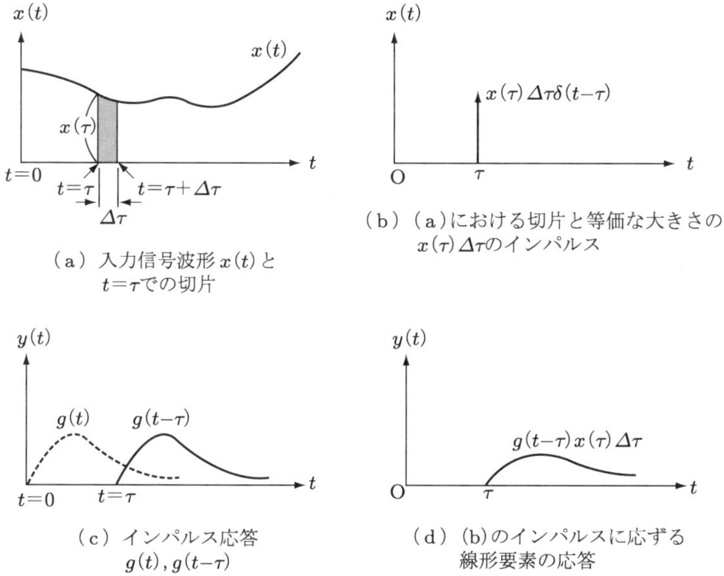

（c）インパルス応答
　　$g(t), g(t-\tau)$

（d）（b）のインパルスに応ずる
　　線形要素の応答

付図7　たたみ込み積分の説明

（2）伝達関数

たたみ込み積分式 (33) の両辺を，ラプラス変換することを考える．$u(t-\tau)$ を単位ステップ関数として，$g(t-\tau)x(\tau)u(t-\tau)$ を考えると，$t<\tau$ のとき $u(t-\tau)=0$ であるから，

$$\int_0^t g(t-\tau)x(\tau)\,d\tau = \int_0^\infty g(t-\tau)x(\tau)u(t-\tau)\,d\tau$$

となる．したがって，式 (33) の両辺をラプラス変換すると，

$$\int_0^\infty y(t)e^{-st}dt = \int_0^\infty \int_0^t g(t-\tau)x(\tau)\,d\tau \cdot e^{-st}dt$$
$$= \int_0^\infty x(\tau)\,d\tau \int_0^\infty g(t-\tau)u(t-\tau)e^{-st}dt \quad (35)$$

となる．さらに，

$$\int_0^\infty g(t-\tau)u(t-\tau)e^{-st}dt = \int_\tau^\infty g(t-\tau)e^{-st}dt$$

ここで，$t - \tau = \tau'$ とおくと，

$$\int_\tau^\infty g(t-\tau)\,e^{-st}dt = \int_0^\infty g(\tau')\,e^{-s(\tau'+\tau)}d\tau' = e^{-s\tau}G(s) \tag{36}$$

式 (36) を式 (37) に代入すれば，

$$\begin{aligned}Y(s) &= \int_0^\infty \int_0^t g(t-\tau)\,x(\tau)\,d\tau \cdot e^{-st}dt = \int_0^\infty x(\tau)\,e^{-s\tau}G(s)\,d\tau \\ &= X(s)\,G(s) \end{aligned} \tag{37}$$

$$\therefore \quad Y(s) = G(s)X(s) \tag{38}$$

t 平面におけるたたみ込み積分は，s 平面では単純な入出力関係式 (38) で表現でき，$G(s)$ は伝達要素の重み関数をラプラス変換したもので，**伝達関数**という．これらの関係を付図 8 に示す．

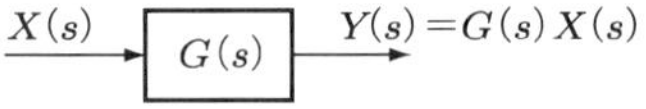

付図 8　入力信号，出力信号と伝達関数

付表　ラプラス変換表

No.	$f(t)$ ($t<0$ のとき, $f(t)=0$)	$F(s)$
1	$\delta(t)$	1
2	$u(t)=1$	$\dfrac{1}{s}$
3	t	$\dfrac{1}{s^2}$
4	t^2	$\dfrac{2!}{s^3}$
5	t^n	$\dfrac{n!}{s^{n+1}}$
6	e^{at}	$\dfrac{1}{s-a}$
7	te^{at}	$\dfrac{1}{(s-a)^2}$
8	$\sin at$	$\dfrac{a}{s^2+a^2}$
9	$\cos at$	$\dfrac{s}{s^2+a^2}$
10	$t\sin at$	$\dfrac{2as}{(s^2+a^2)^2}$
11	$t\cos at$	$\dfrac{s^2-a^2}{(s^2+a^2)^2}$
12	$\dfrac{1}{b}e^{at}\sin bt$	$\dfrac{1}{(s-a)^2+b^2}$
13	$e^{at}\cos bt$	$\dfrac{s-a}{(s-a)^2+b^2}$
14	$\sin(\omega t+\theta)$	$\dfrac{\omega\cos\theta+s\sin\theta}{s^2+\omega^2}$
15	$\cos(\omega t+\theta)$	$\dfrac{s\cos\theta-\omega\sin\theta}{s^2+\omega^2}$
16	$f^{(1)}(t)$	$sF(s)-f(0)$
17	$f^{(2)}(t)$	$s^2F(s)-sf(0)-f^{(1)}(0)$
18	$f^{(-1)}(t)$	$\dfrac{1}{s}F(s)+\dfrac{1}{s}f^{(-1)}(0)$
19	$\sum_{n=1}^{m}\dfrac{p(a_n)}{q'(a_n)}e^{a_n t}$	$\dfrac{p(s)}{q(s)}$
20	$f(t-a)$	$e^{-sa}F(s)$
21	$f(at)$	$\dfrac{1}{a}F\!\left(\dfrac{s}{a}\right)$
22	$e^{bt}f(t)$	$F(s-b)$

練習問題

1. 次の関数のラプラス変換を求めよ．
   (1) $f(t) = 1 + 2t + 3t^2$
   (2) $f(t) = e^{-at} - e^{-bt}$
   (3) $f(t) = \sin 2t - \cos 3t$
   (4) $f(t) = t \sin \omega t$
   (5) $f(t) = t^2 \sin 3t$
   (6) $f(t) = te^{-3t}$
   (7) $f(t) = e^{3t} \sin t$
   (8) $f(t) = 3e^{2(\tau - t)}$
   (9) $f(t) = \sinh at - \sin at$
   (10) $f(t) = \cos(\omega t + \varphi)$

2. 次の関数をラプラス逆変換せよ．
   (1) $F(s) = \dfrac{1}{s^2} + \dfrac{5}{s^4}$
   (2) $F(s) = \dfrac{2}{s^2 + 7s + 10}$
   (3) $F(s) = \dfrac{5s + 6}{s(s^2 + 3s + 2)}$
   (4) $F(s) = \dfrac{25}{(s^3 - 25s)}$
   (5) $F(s) = \dfrac{\omega^2}{s(s^2 + \omega^2)}$
   (6) $F(s) = \dfrac{s + 6}{s^2 + 8s + 20}$
   (7) $F(s) = \dfrac{1}{s(s + 1)^2}$
   (8) $F(s) = \dfrac{(s + 2)(s + 3)}{s(s + 1)}$
   (9) $F(s) = \dfrac{e^{-3s}}{s}$
   (10) $F(s) = \dfrac{2e^{-3s}}{1 + 2s}$

練習問題の解答

第2章

1. (a) $1/(1+sT)$, $T = CR$ (b) $sT/(1+sT)$, $T = CR$
   (c) $sT_1/(1+sT_2)$, $T_1 = CR_2$, $T_2 = C(R_1+R_2)$
   (d) $K(1+sT_1)/(1+sT_2)$, $K = R_2/(R_1+R_2) = T_2/T_1$,
   $T_1 = CR_1$, $T_2 = CR_1R_2/(R_1+R_2)$

2. (a) $K(x_i - x_o) = Ddx_o/dt$ より, $X_o(s)/X_i(s) = 1/(1+sT)$,
   $T = D/K$
   (b) $K_1(x_i - x_o) + Dd(x_i - x_o)/dt = K_2 x_o$ より,
   $X_o(s)/X_i(s) = T_2(1+sT_1)/T_1(1+sT_2)$, $T_1 = D/K_1$,
   $T_2 = D/(K_1+K_2)$, $K_1/(K_1+K_2) = T_2/T_1$
   (c) $K(x_i - x_o) + D_1 d(x_i - x_o)/dt = D_2 dx_o/dt$ より,
   $X_o(s)/X_i(s) = (1+sT_1)/(1+sT_2)$, $T_1 = D_1/K$,
   $T_2 = (D_1 + D_2)/K$
   (d) M_2 に関する運動方程式は, $M_2 d^2 x_o/dt^2 = -Kx_o + Dd(x_i - x_o)/dt$ より,
   $X_o(s)/X_i(s) = sD/(s^2 M_2 + sD + K)$

3. $q_2 = \alpha h$, $dh/dt = (q_1 - q_2)/A$ より, $H(s)/Q_1(s) = K/(1+sT)$,
   $K = 1/\alpha$, $T = A/\alpha$

4. 低水位のタンク（II）に流れ込む水量 $q = (h_1 - h_2)/R$, タンク（II）の底面積を A とすると, $Adh_2/dt = q$, この両式より求める.
   $$H_2(s)/H_1(s) = 1/(1+sT), \quad T = AR$$

第3章

1. v_o を仮の入力とすると, 解図3.1(a) のようになる. 変形して(c)を得る. 伝達関数は解表3.1のようになる.

(a)

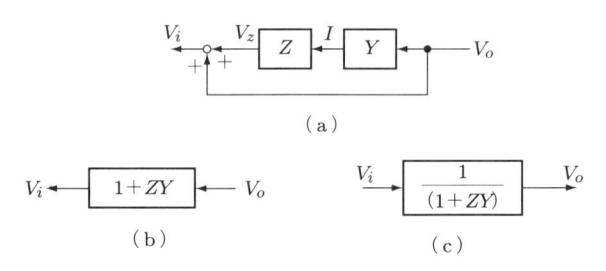

(b)

(c)

解図 3.1

解表 3.1

$V_o(s)/V_i(s)$	(a)	(b)	(c)	(d)
$\dfrac{1}{1+ZY}$	$\dfrac{1}{1+sCR}$	$\dfrac{sCR}{1+sCR}$	$\dfrac{sCR_2}{1+sC(R_1+R_2)}$	$\dfrac{R_2(1+sCR_1)}{R_1+R_2(1+sCR_1)}$

2.

(a)

解図 3.2

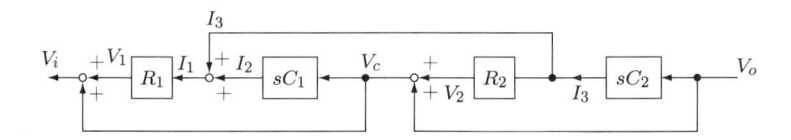

電圧電流を解図 3.2 のようにとると，V_o を仮の入力とする解図 3.3 が得られる．この図から，$V_i = \{(1+sC_2R_2)(1+sC_1R_1) + sC_2R_1\}V_o$ が得られ，伝達関数①が求まる．あるいは，解図 3.3 を反転して解図 3.4 をえ，メイソンの公式を用いて伝達関数を求める．

解図 3.4

$$\frac{V_o}{V_i} = \frac{\dfrac{1}{sC_1R_1}\cdot\dfrac{1}{sC_2R_2}}{1+\dfrac{1}{sC_1R_1}+\dfrac{1}{sC_2R_2}+\dfrac{1}{sC_1R_2}+\dfrac{1}{s^2C_1C_2R_1R_2}}$$

$$= \frac{1}{s^2C_1C_2R_1R_2 + sC_2R_2 + sC_1R_1 + sC_2R_1 + 1}$$

$$= \frac{1}{(1+sC_1R_1)(1+sC_2R_2)+sC_2R_1} \qquad ①$$

(b) (a)と同様に求める.

$$\frac{V_o}{V_i} = \frac{1}{(1+sCR_1)\left(1+\dfrac{sL}{R_2}\right)+\dfrac{R_1}{R_2}}$$

3. 伝達関数を求めるのに，信号の反転による法を用いて(d)を除いて簡単に求まる．また，(d)を含めてメイソンの公式を用いればよいが，次の諸点に注意する．
  ① 問図 3.2(a) のループ ($-g_1h_1$) と ($-g_3h_2$) とは互いに独立である．
  ② 問図 3.2(d) のループ ($-g_4$) および [$g_2(-h_1)g_4(-h_2)$] の存在に注意する．
  (a) $G_1G_2G_3/(1+G_1H_1+G_3H_2+G_1G_2G_3H_3+G_1H_1G_3H_2)$
  (b) $G_1G_2G_3/(1+G_1G_2H_1+G_2G_3H_2+G_1G_2G_3H_3)$
  (c) $G_1G_2G_3G_4/(1+G_1G_2G_3-G_2G_3H_1+G_3G_4H_2)$
  (d) $(G_1G_2G_3+G_4)/(1+G_1G_2H_1+G_1G_2G_3+G_2G_3H_2+G_4-G_2G_4H_1H_2)$

4. メイソンの公式を用いてもよいが，信号の反転で容易に処理できる．反転を使わなくても解ける．

$$\frac{C}{R} = \frac{G_1G_2G_3G_4+G_3G_4}{1+G_2G_3+G_3G_4}$$

5. 問図 3.5 のパス g_1g_2 に付着する節枝を除いても，ループ ($-g_3g_4h_2$) が残る．ループ $g_1g_5(-h_2)g_3g_6(-h_1)$ の存在に注意する．
$C_1/R_1 = \{G_1G_2\{1+G_3G_4H_2\}-G_1G_3G_5G_6H_2\}/\Delta$
$C_1/R_2 = G_3G_6/\Delta$
ここに，$\Delta = 1+G_1G_2H_1+G_3G_4H_2-G_1G_3G_5G_6H_1H_2+G_1G_2G_3G_4H_1H_2$

6. (a) $y/x = \{d(1-be)+abc\}/(1-be)$
  (b) $y/x = (a+bc)/\{1-(ad+be+cf+afe+bcd)\}$
  (c) $y/x = (ab+c)/\{1-(ad+be+abf+ced+cf)\}$

（d） $y/x = \{ae(1-h) + bf(1-g) + i(1-g-h-cd+gh)$
$\qquad + adf + bce\}/(1-g-h-cd+gh)$

第4章

1. インパルス応答：$g(t) = \mathcal{L}^{-1}[1/sT] = (1/T)u(t)$
   ステップ応答：$y(t) = \mathcal{L}^{-1}[1/s^2 T] = t/T$
   ランプ応答：$h(t) = \mathcal{L}^{-1}[1/s^3 T] = (1/2T)t^2$

2. インパルス応答：$g(t) = \mathcal{L}^{-1}[K/(1+sT)] = (K/T)e^{-(1/T)t}$
   ランプ応答：$h(t) = \mathcal{L}^{-1}[K/s^2(1+sT)] = K[t - T(1-e^{-(1/T)t})]$

3. 単位インパルス関数を入力信号とするときの出力信号 $g(t)$ は，伝達関数をそのままラプラス逆変換すれば得られる．
   （1） インパルス応答　$g_1(t) = \mathcal{L}^{-1}[3/(s+2)] = 3e^{-2t}$
   （2） インパルス応答　$g_2(t) = \mathcal{L}^{-1}[1/(s-1)] = e^t$
   （3） インパルス応答　$g_3(t) = \mathcal{L}^{-1}[4/(s+2)(s+4)]$
   $\qquad\qquad\qquad\qquad = \mathcal{L}^{-1}[2/(s+2) + (-2)/(s+4)]$
   $\qquad\qquad\qquad\qquad = 2(e^{-2t} - e^{-4t})$
   （4） インパルス応答　$g_4(t) = \mathcal{L}^{-1}[7/(s^2+4s+5)]$
   $\qquad\qquad\qquad\qquad = \mathcal{L}^{-1}[7 \cdot 1/\{(s+2)^2 + 1^2\}] = 7e^{-2t}\sin t$

4. 単位ステップ関数を入力信号とするときの出力信号 $y(t)$ は，伝達関数に $1/s$ を乗じてラプラス逆変換すれば得られる．
   （1） $y_1(t) = \mathcal{L}^{-1}[3/s(s+2)] = \mathcal{L}^{-1}[(3/2)(1/s + 1/(s+2))]$
   $\qquad\qquad = (3/2)(1 - e^{-2t})$
   $dy_1(t)/dt = g_1(t)$　が成り立つ．
   （2） $y_2(t) = \mathcal{L}^{-1}[1/s(s-1)] = \mathcal{L}^{-1}[-1/s + 1/(s-1)] = -1 + e^t$
   $dy_2(t)/dt = g_2(t)$　が成り立つ．
   （3） $y_3(t) = \mathcal{L}^{-1}[4/s(s+2)(s+4)]$
   $\qquad\quad = \mathcal{L}^{-1}[(1/2)/s - 1/(s+2) + (1/2)/(s+4)]$
   $\qquad\quad = (1/2)(1 - 2e^{-2t} + e^{-4t})$
   $dy_3(t)/dt = g_3(t)$　が成り立つ．
   （4） $y_4(t) = \mathcal{L}^{-1}[7/s(s^2+4s+5)]$
   $\qquad\quad = \mathcal{L}^{-1}[(7/5)/s - 7/2(1-2j)(s+2+j)$
   $\qquad\qquad - 7/2(1+2j)(s+2-j)]$
   $\qquad\quad = (7/5)\{1 - e^{-2t}(\cos t + 2\sin t)\}$
   $dy_4(t)/dt = g_4(t)$　が成り立つ．

5. $g(t) = \mathcal{L}^{-1}[G(s)]$　したがって，$G(s) = \mathcal{L}[g(t)]$ であるから，
   $G(s) = \mathcal{L}[2(e^{-t} - e^{-3t})] = 2/(s+1) - 2/(s+3)$
   $\qquad = 4/(s+1)(s+3)$

練習問題の解答 **181**

6. $y(t) = \mathcal{L}^{-1}[Y(s)/s]$ したがって，$Y(s) = s\mathcal{L}[y(t)]$ であるから，

$$\mathcal{L}[y(t)] = (4/3)/s - 2/(s+1) + (2/3)/(s+3)$$
$$= 4/s(s+1)(s+3)$$
$$\therefore \quad Y(s) = s\mathcal{L}[y(t)] = 4/(s+1)(s+3)$$

7. $Dd(x_i - x_o)/dt = Kx_o$
   ラプラス変換して，

$$\frac{X_o(s)}{X_i(s)} = \frac{sD}{K+sD} = \frac{sT}{1+sT}, \quad T = \frac{D}{K}$$

単位ステップ応答は，

$$\mathcal{L}^{-1}\left[\frac{sT}{1+sT}\cdot\frac{1}{s}\right] = \mathcal{L}^{-1}\left[\frac{1}{s+1/T}\right] = e^{-(1/T)t} = e^{-(K/D)t}$$

8. 式 (9.4) 参照．

9. 運動方程式は，$M\dfrac{d^2x(t)}{dt^2} = -Kx(t) + f(t)$

   伝達関数は，$\dfrac{X(s)}{F(s)} = \dfrac{1}{s^2M + K}$

   インパルス応答 $g(t)$ は，

$$g(t) = \mathcal{L}^{-1}\left[\frac{1}{M(s^2 + K/M)}\right] = \mathcal{L}^{-1}\left[\frac{\sqrt{K/M}}{\sqrt{MK}(s^2 + K/M)}\right]$$
$$= \frac{1}{\sqrt{MK}}\sin\sqrt{\frac{K}{M}}t = \frac{1}{M\omega_n}\sin\omega_n t, \quad \omega_n = \sqrt{K/M}$$

第 5 章

1. 解図 5.1．(6) は $|G(j\omega)| = 1/\sqrt{1+(3\omega)^2}\sqrt{1+(4\omega)^2}\sqrt{1+(5\omega)^2}$，
   $\phi = -\tan^{-1}(3\omega) - \tan^{-1}(4\omega) - \tan^{-1}(5\omega)$ よりプロットしたものである．

2. （1）ゲイン：$g = 0[\text{dB}]$ で $\omega = 100[\text{rad/s}]$ の点を通る $-20[\text{dB/dec}]$ の直線，位相：$-90°$ 一定
   （2）ゲイン：$g = -40[\text{dB}]$ で $\omega = 10[\text{rad/s}]$ の点を通る $-60[\text{dB/dec}]$ の直線，位相：$-270°$ 一定
   （3）折点角周波数は，$1/2 = 0.5[\text{rad/s}]$，$1/0.5 = 2[\text{rad/s}]$ で，ゲインは，$\omega = 0.5[\text{rad/s}]$ まで $20\log_{10}100 = 40[\text{dB}]$ 一定で，$\omega = 0.5$ より $\omega = 2[\text{rad/s}]$ まで $-20[\text{dB/dec}]$，$\omega = 2[\text{rad/s}]$ 以上は，$-40[\text{dB/dec}]$ の直線である．位相は $0.2/2 = 0.1[\text{rad/s}]$ まで $0°$，$5/2 = 2.5[\text{rad/s}]$ より $-90°$．0.1 より $2.5[\text{rad/s}]$ までは以上を結ぶ線分．また，$0.2/0.5 = 0.4[\text{rad/s}]$ まで $0°$，$5/0.5 = 10[\text{rad/s}]$ より $-90°$，この間は以上を結ぶ線分

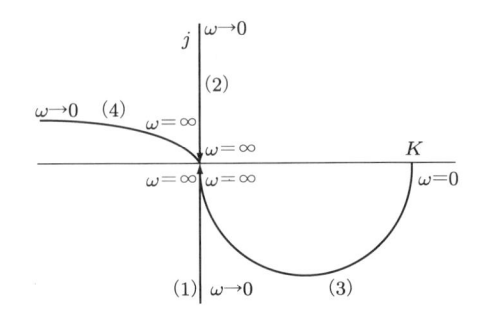

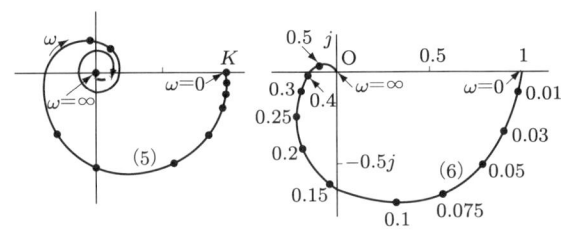

解図 5.1

である．この両位相を合成したものが求める折線位相である．
（4） 折点周波数は，$1/1 = 1[\text{rad/s}]$，$1/0.2 = 5[\text{rad/s}]$ で，ゲインは，$\omega = 1[\text{rad/s}]$ を通り $-20[\text{dB/dec}]$ の直線で，$\omega = 1$ より -40，$\omega = 5$ より $-60[\text{dB/dec}]$ の直線となる．位相は，(i) $\omega = 0.2/1 = 0.2[\text{rad/s}]$ まで $-90°$，$\omega = 5/1 = 5$ より $-180°$，0.2 より 5 までは以上を結ぶ線分である．(ii) $\omega = 0.2/0.2 = 1$ まで $0°$，$\omega = 5/0.2 = 25$ より $-90°$，1 から 25 までは以上を結ぶ線分である．位相特性曲線は(i)と(ii)を合成した特性となる．
（5） 折点周波数は，$1/2 = 0.5[\text{rad/s}]$，$1/0.5 = 2[\text{rad/s}]$，$1/0.2 = 5[\text{rad/s}]$ である．ゲインは，$\omega = 0.5$ まで $20\log_{10}10 = 20[\text{dB}]$ 一定で，$\omega = 0.5 \sim 2$ の間 $-20[\text{dB/dec}]$ の直線，$\omega = 2 \sim 5$ はフラットな直線，$\omega = 5[\text{rad/s}]$ より $-20[\text{dB/dec}]$ の直線となる．
位相は，(i) $\omega = 0.2/2 = 0.1[\text{rad/s}]$ まで $0°$，$\omega = 5/2 = 2.5[\text{rad/s}]$ より $-90°$，この間は以上を結ぶ線分
　(ii)　$\omega = 0.2/0.5 = 0.4$ まで $0°$，$\omega = 5/0.5 = 10$ より $+90°$，この間は以上を結ぶ線分
　(iii)　$\omega = 0.2/0.2 = 1$ まで $0°$，$\omega = 5/0.2 = 25$ より $-90°$，この間は以上を結ぶ線分
位相特性曲線は，(i)〜(iii)を合成した特性となる．

3. （a） $100/(1+5s)(1+s)$ 　　（b） $2.5/s(1+2s)$
　（c） $0.8(1+s)/s(1+5s)(1+2s)$
なお，(b)，(c)におけるゲイン K は(b)では $20\log|K/0.5|=14$ より求める．(c)も同様（例題5.4参照）．
なお，折線近似位相特性曲線については，上記2．の位相と同様に求め得る．

第6章

1. （1） ラウスの表の第1列は，1, 4, 2, 2, 1で安定である．
　（2） 2, 1, -16, 45/4, 20 で，不安定根2個あり不安定である．
　（3） 1, 1, -8, 77/8, 5 で，不安定根2個あり不安定である．
　（4） 1, 2, 0 と第1列に0が存在するので，補助方程式 $2s^2+8=0$ を微分して，0を4に変更し，1, 2, 4, 8となり安定限界，虚根は $s=\pm 2j$．
　（5） 第1列は，1, 4, 0．第2列は2, 8, 9で例題6.4と同類である．0を微小数値 ε に置きかえると第3行目は ε, 7．第4行目が $(8\varepsilon-36)/\varepsilon > 0$ とすると，$\varepsilon > 9/2$ で仮定に反する．よって不安定である．
　　与式を因数分解すると，$(s+1)(s+3.86)(s-0.43+j1.46)(s-0.43-j1.46)=0$．

2. （1） 特性方程式は，$s^2+3s+2+K=0$，$K>-2$
　（2） 特性方程式は，$s^3+6s^2+5s+K=0$，$30>K>0$

3. （1） 特性方程式は，$1+G(s)H(s)=1+(K-sT)/(1-sT)=0$，極は $s=1/T$．ゼロ点は $s=(1+K)/T$，K と T が正の定数のときゼロ点は右半平面に存在し不安定．ベクトル軌跡は解図6.1で $-1+j0$ の点を囲まないので $N=0$．また，$s=1/T>0$ で $P=1$ なので，$N+P=0$ でない．したがって，この系は不安定である．
　（2） ナイキスト軌跡は，解図6.2のようになり，軌跡の回転の方向が反時計まわりなので，$N=-1$，$P=1$．したがって，安定である．
　（3） ナイキスト軌跡は解図6.3のようになり，$-1+j0$ を右にみて ω が進むので不安定である．例題6.4を参照して負の実軸との交点を求めると，-3.33．

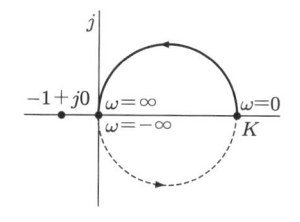

解図6.1

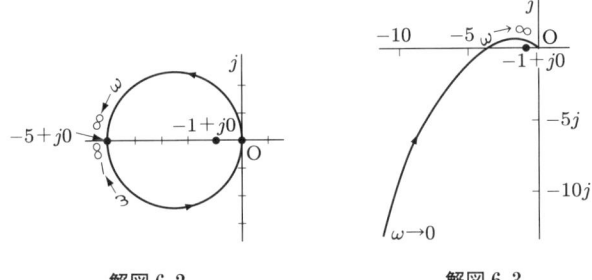

解図 6.2　　　　　解図 6.3

4. $\phi_m = 39°$, $g_m = 12$ dB. $\omega_{cg} = 2.2$ rad/s, $\omega_{cp} = 4.4$ rad/s.
5. 例題 6.4 と同様に求める．$G(j\omega)H(j\omega) = K/\{1 - 11\omega^2 + j\omega(1 - \omega^2)\}$ で虚数部が 0 であるためには，$\omega^2 = 1$，したがって，$g_m = -20\log_{10}|K/(1-11)| = 20$．この式が満足するためには，$K = 1$．

第 7 章

1. （1）入力信号 $R = 1/s$ のとき $1/(1+32)$，$R = 2/s^2$ のとき ∞．
   （2）$R = 1/s$ のとき 0，$R = 2/s^2$ のとき $2/K$．
2. ∞
3. $\zeta = \zeta_0/\sqrt{1+K}$，$\omega_n = \omega_0\sqrt{1+K}$，許容範囲 2% のとき $t_s = 4/\zeta_0\omega_0$．
4. $\zeta = 0.25$，$\omega_b \simeq 14.85$．
5. 図 7.9，式 (7.20)，式 (7.26) などを用いる．$K = 2.75$，$a = 2$．
6. （1）ゲインは約 0.08 倍．（2）ゲインは約 0.024 倍にすればよい．
7. $\omega_n = \sqrt{K/T}$，$\zeta = 1/2\sqrt{KT}$ したがって，式 (7.39)，(7.38) より，$M_p = 2KT/\sqrt{4KT-1}$，$\omega_p = \sqrt{2KT-1}/\sqrt{2}T$
8. （1）$K = 1.4$　（2）$K = 2.5$　（$K = 1$ として軌跡をニコルス線図と重ね，$M_p = 1.3$ と接するように移動することで求める）

第 8 章

1. 分母分子の次数差 3．漸近線と実軸との交点 $\sigma_c = (1/3)(-1)$．根軌跡は解図 8.1．系は不安定である．
2. $G(s)H(s) = K(s+2)/s(s+1)(s+5)$ で，$\sigma_c = 1/2\{0 + (-1) + (-5) - (-2)\} = -2$
   解図 8.2，系は安定になる．軌跡と実軸との交点 -0.55，その $K = 0.76$．
3. $G(s)H(s) = K/s(s+1)(s+2)(s+5)$ で 4 本の漸近線を持ち，$\pm 45°$，$\pm 135°$ の角度を持つ．$\sigma_c = (1/4)\{0 + (-1) + (-2) + (-5)\} = -2$．（解図 8.3）

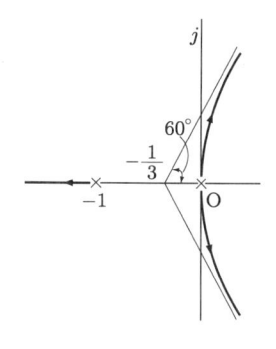

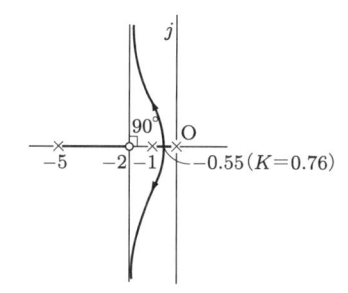

解図 8.1

解図 8.2

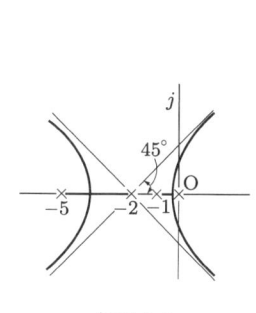

解図 8.3

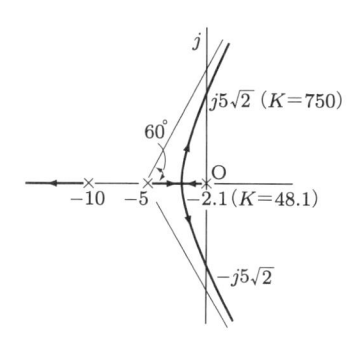

解図 8.4

4. $G(s)H(s) = K(s+1)/s(s+1)(s+5)(s+10)$ で，3本の漸近線を持つ．$\sigma_c = (1/3)\{0 + (-1) + (-5) + (-10) - (-1)\} = -5$，軌跡と実軸との交点は -2.1，そのときの，$K = 48.1$．虚軸との交点は，$\pm j\sqrt{50} = \pm j5\sqrt{2}$．（解図 8.4）

第9章

1. （1） $(1 + 2.72s)/(1 + 6.54s)$　（2） $(1 + 0.2s)/(1 + 0.046s)$
2. $(1 + 3.85s)/(1 + 7.14s)$
3. （1） $K = 2$　（2） $(1 + 0.346s)/3(1 + 0.116s)$

第10章

1. （1） $\begin{bmatrix} 3 & 1 \\ -2 & -1 \end{bmatrix}$　（2） $\begin{bmatrix} -1 & -5 \\ -4 & 9 \end{bmatrix}$　（3） $\begin{bmatrix} 0 & 13 \\ -2 & -29 \end{bmatrix}$

186 練習問題の解答

(4) $\begin{bmatrix} -7 & 8 \\ 16 & -22 \end{bmatrix}$ (5) $\begin{bmatrix} 1 & -2 \\ -3 & 4 \end{bmatrix}$ (6) $\begin{bmatrix} 1 & -2 \\ -3 & 4 \end{bmatrix}$

2. (1) $\begin{bmatrix} 1 \\ 13 \end{bmatrix}$ (2) $\begin{bmatrix} 15 & 8 \\ 8 & 4 \end{bmatrix}$ (3) $\begin{bmatrix} 2 & 4 & 6 \\ 8 & 10 & 17 \\ 7 & 2 & 7 \end{bmatrix}$

3. (1) $\begin{vmatrix} 2 & 1 \\ 3 & 4 \end{vmatrix} = 5 \neq 0$ 正則 (2) $\begin{vmatrix} 4 & 8 \\ 1 & 2 \end{vmatrix} = 0$ 正則でない

$\begin{bmatrix} 2 & 1 \\ 3 & 4 \end{bmatrix}^{-1} = \begin{bmatrix} 0.8 & -0.2 \\ -0.6 & 0.4 \end{bmatrix}$

(3) $\begin{vmatrix} 1 & 3 & 2 \\ 2 & 7 & 6 \\ 3 & 6 & 2 \end{vmatrix} = 2 \neq 0$ 正則

$\begin{bmatrix} 1 & 3 & 2 \\ 2 & 7 & 6 \\ 3 & 6 & 2 \end{bmatrix}^{-1} = \begin{bmatrix} -11 & 3 & 2 \\ 7 & -2 & -1 \\ -4.5 & 1.5 & 0.5 \end{bmatrix}$

4. $\begin{bmatrix} \dot{x}_1 \\ \dot{x}_2 \end{bmatrix} = \begin{bmatrix} 0 & 1 \\ -\frac{1}{L} & -\frac{R}{L} \end{bmatrix} \begin{bmatrix} x_1 \\ x_2 \end{bmatrix} + \begin{bmatrix} 0 \\ \frac{1}{L} \end{bmatrix} u, \; y = \begin{bmatrix} 0 & \frac{1}{C} \end{bmatrix} \begin{bmatrix} x_1 \\ x_2 \end{bmatrix}$

5. (1) $(s+3)/(s^2+3s+2)$ (2) $2/(s^2+6s+5)$

6. (1) 可制御, 可観測 (2) 不可制御, 不可観測

付　録

1. (1) $(1/s) + (2/s^2) + (6/s^3)$ (2) $(b-a)/((s+a)(s+b))$
(3) $2/(s^2+2^2) - s/(s^2+3^2)$
(4) $\mathcal{L}[tf(t)] = (-1)dF(s)/ds$ を利用する. $2\omega s/(s^2+\omega^2)^2$
(5) $\mathcal{L}[t^2 f(t)] = (-1)^2 d^2 F(s)/ds^2$ を利用する. $(-54+18s^2)/(s^2+9)^3$
(6) $1/(s+3)^2$ (7) $1/((s-3)^2+1)$ (8) $(3/(s+2))e^{-\tau s}$
(9) $2a^3/(s^4-a^4)$ (10) $(s\cos\varphi - \omega\sin\varphi)/(s^2+\omega^2)$

2. (1) $t + (5/6)t^3$ (2) $(2/3)(e^{-2t} - e^{-5t})$
(3) $3 - e^{-t} - 2e^{-2t}$ (4) $\cosh 5t - 1$
(5) $1 - \cos\omega t$ (6) $e^{-4t}(\sin 2t + \cos 2t)$ (7) $1 - e^{-t}(1+t)$
(8) 分母, 分子の次数が等しい. $\delta(t) + 2(3 - e^{-t})u(t)$
(9) $u(t-3)$ (10) $e^{-(t-3)/2}$

参考文献

1. 水上憲夫『自動制御』朝倉書店（1976）
2. 高井宏幸・長谷川健介『ラプラス変換法入門』丸善（1964）
3. 得丸英勝編著『自動制御』森北出版（1981）
4. 中野道雄・美多勉『制御基礎理論』昭晃堂（1982）
5. 高井宏幸・長谷川健介『自動制御の基礎と応用』実教出版（1971）
6. 長谷川健介『フィードバックと制御』共立出版（1977）
7. 伊藤正美『大学講義自動制御』丸善（1981）
8. 市川邦彦『自動制御の理論と演習』産業図書（1962）
9. 増淵正美『自動制御例題演習』コロナ社（1971）
10. 山田蓁『自動制御』朝倉書店（1967）
11. 三浦良一『自動制御大要』養賢堂（1964）
12. 高井・竹中・長谷川・森永共編『実用自動制御ポケットブック』オーム社（1971）
13. 小郷寛・美多勉『システム制御理論入門』実教出版（1979）
14. 白石昌武『入門現代制御理論』日刊工業新聞社（1995）
15. ボード線図, ニコルス線図は下記で頒布している．
    〒113-0033 東京都文京区本郷1-35-28-303
    （社）計測自動制御学会　03-3814-4121
    URL：http://www.sice.or.jp/

索引

〈あ 行〉

安定 …………………………………………75
　　──限界 ………………………………80, 119
　　──条件 ………………………………77
　　──度 ………………………………86, 99
　　──判別 ………………………………75
行き過ぎ時間 …………………………………100
行き過ぎ量 ……………………………………100
位相 ……………………………………53, 62
　　──おくれ回路 ………………………125
　　──おくれ・進み回路 ………………137
　　──交差角周波数 ……………………88
　　──進み回路 …………………………132
　　──条件 ………………………………115
　　──特性曲線 …………………………62
　　──余裕 ………………………………87
1形の制御系 …………………………………93
一次おくれ要素 …………………11, 46, 57, 64
一巡伝達関数 …………………………………76
インディシャル応答 …………………………45
インパルス応答 …………………………45, 172
インパルス関数 ………………………………45
枝（branch）…………………………………28
オイラーの式 …………………………………153
オフセット ……………………………………95
重み関数 …………………………………5, 172
折線 ……………………………………………65
　　──角周波数 …………………………65
　　──近似 ………………………………65

〈か 行〉

回転運動系 ……………………………………26
外乱 ………………………………………3, 91, 98
開ループ周波数応答 …………………81, 106
開ループ伝達関数 ……………………76, 106
可観測性 ………………………………………148
加算 ……………………………………………19, 29
カスケード補償法 ……………………………125
可制御性 ………………………………………148
過渡応答 ………………………………………42, 104
過渡項 …………………………………………43
過渡特性 …………………………………42, 99, 105
干渉系 …………………………………………41
慣性モーメント ………………………………26, 38
逆行列 …………………………………………147
共振角周波数 ……………………69, 107, 111, 128
共振値 …………………………69, 105, 107, 111, 128
共振点 …………………………………………68
極 ………………………………43, 76, 83, 116, 118, 147
　　──の位置 …………………………44
空気タンク ……………………………………12
ゲイン ……………………………………53, 62
　　──交差角周波数 ……………………87, 106
　　──条件 ………………………………115
　　──定数 ………………………………14
　　──特性曲線 …………………………62
　　──余裕 ………………………………88
原関数 …………………………………………153
減算 ……………………………………………19
減衰係数 ………………………………………14
減衰固有角周波数 ……………………………101

索　引　**189**

減衰振動 …………………………44, 101
減衰特性 ………………………………100
減衰率 …………………………………102
高次制御系 ……………………………104
合成トランスミッタンス………………32
固有角周波数 …………………………14
固有値 …………………………………147
根軌跡の性質 …………………………118
根軌跡法 ………………………………114

　　　　〈さ　行〉

最終値の定理 ……………………94, 170
最終偏差 …………………………94, 98
サーボモーター…………………………37
シグナルフロー線図 ……………28, 84
　　──の等価変換 ……………………30
試験信号 ………………………………5
システムの伝達関数 …………………7
持続振動 ………………………………44
自動制御 ………………………………2
遮断角周波数 ……………………69, 107
修正動作 ………………………………4
周波数応答 ………………………52, 81
周波数伝達関数 ………………………53
出力信号 ………………………………6, 18
出力節（sink） …………………29, 35
手動制御 ………………………………1
状態変数 ………………………………142
　　──線図 ……………………………144
状態ブロック線図 ……………………144
状態方程式 ……………………………142
初期値 ……………………………8, 157
　　──の定理 ………………………170
信号流れ線図 …………………………28
信号の加算………………………………18
信号の分岐………………………………18
信号の流れ ………………………1, 19
信号の向きの反転………………………19
振幅減衰比 ……………………………102
ステップ応答 ……………45, 47, 100, 124

制御 ……………………………………1
　　──対象 …………………………1
　　──偏差 ……………2, 91, 94, 96
　　──量 ………………………1, 91
正則 ……………………………………147
整定時間 …………………………100, 103
静的システム ……………………42, 142
制動力 …………………………………10
積分要素 …………………8, 21, 46, 56, 63
節（node）……………………………28
0 形の制御系 …………………………93
ゼロ点 …………………43, 76, 83, 116, 118
線形性 …………………………………154
像関数 …………………………………153
操作量 …………………………………2
相似性 …………………………………163
双対 ……………………………………21
速応性…………………………………99
速度偏差定数…………………………95

　　　　〈た　行〉

帯域幅……………………………69, 107
代表根 …………………………………105
たたみ込み積分 …………………6, 172
立上り時間 ……………………………100
ダッシュポット ……………10, 25, 145
単位インパルス応答 ……………5, 149
単位インパルス関数 …………………162
単位インパルス信号 …………………5
単位階段状関数 ………………………154
単位ステップ関数………………46, 154
遅延時間 ………………………………100
中間変数 ………………………………144
直列補償 ………………………………124
定加速度偏差定数………………………95
定常位置偏差……………………………95
　　──定数 …………………………94
定常加速度偏差…………………………96
定常項 …………………………………42
定常速度偏差……………………………95

定常特性 …………………………42, 93
定常偏差 ………………………………94
定加速度応答 ……………………………40
定速度応答 ………………………………40
デカード …………………………………63
デシベル …………………………………62
$\delta(t)$ …………………………5, 45, 162, 175
伝達関数 ………………7, 19, 46, 146, 173
動的システム ………………42, 142, 149
時定数 ………………………………11, 47
特性改善 …………………………127, 134
特性根 ………………75, 83, 93, 105, 114
特性設計 ………………………………128
特性方程式 …………………76, 93, 114, 147
特性補償 ………………………………124
独立 ……………………………………32
トランスミッタンス ……………………28
トルク ……………………………26, 38

〈な 行〉

ナイキスト軌跡 …………………………56
ナイキストの安定判別法 ………………81
 （拡張された——） ……………………82
2形の制御系 ……………………………93
ニコルス線図 …………………………108
二次おくれ系の標準形 …………………14
二次おくれ要素 ………13, 46, 48, 58, 67
入力信号 ……………………………6, 18, 45
入力節 (source) ……………………29, 35
粘性摩擦係数 ……………10, 25, 26, 38
ノイズ対策 ……………………………126

〈は 行〉

パス (path) ……………………………29
 ——・トランスミッタンス ……………29
発散振動 …………………………………44
ばね系 ……………………………………8
ばね—ダッシュポット系 ………14, 25, 144
ばね定数 …………………………8, 25, 145
ばねの反力 ………………………………8

非減衰固有角周波数 ……………………101
フィードバック制御系 …………………91
ピストン …………………………………10
微分要素 ……………………10, 21, 46, 57, 64
比例要素 ………………………………8, 46, 62
不安定 ……………………………………75
 ——根 …………………………………78
フィードバック系 ………………………2
フィードバック伝達関数 ……………81, 92
フィードバック補償回路 ……………139
フィードバック補償法 ………………125
フィードフォワード系 …………………4, 40
複素数 …………………………………152
 （共役——） …………………………153
物理量 …………………………………18
部分分数への分解 ……………………164
ブロック線図 …………………………18
 ——の等価変換法 ……………………22
分岐 ………………………………19, 29
分岐点 …………………………………118
閉ループ ………………………………3
 ——伝達関数 ……………76, 92, 107
 ——の極 ………………………………93
並列補償 ………………………………124
ベクトル ……………………53, 83, 116, 152
 ——軌跡 ………………………………56
ヘビサイドの展開定理 ………………165
補償回路 ………………………………125
補助方程式 …………………………80, 121
ボード線図 …………………62, 88, 128

〈ま 行〉

前向き伝達関数 ……………………81, 92
むだ時間要素 ……………15, 46, 59, 70
メイソンの公式 ………………………32
目標値 …………………………………2, 91

〈や 行〉

油圧シリンダ装置 ………………………9

〈ら行〉

ラウスの安定判別……………………77, 147
ラウスの表……………………………77
ラウス・フルビッツの安定判別法…79, 119
ラプラス逆変換 ………………………164
ラプラス変換 ……………………6, 153
　──表 ……………………………7, 175
──の拡大性 …………………………163
ランプ関数 ……………………………155
ランプ応答……………………………45
臨界制動………………………………49
ループ（loop）………………………29
　──・トランスミッタンス…………29
　──の消去法…………………………31

著者略歴

中野　道雄（なかの・みちお）
- 1963 年 3 月　東京工業大学卒
- 1968 年 3 月　東京工業大学大学院制御工学専攻博士課程修了
- 1972 年 10 月　東京工業大学工学部助教授
　　　　　　　東京工業大学教授を経て
- 1999 年 4 月　東京工業大学名誉教授
- 1999 年 4 月　拓殖大学工学部機械システム工学科教授
　　　　　　　現在に至る（工学博士）

髙田　和之（たかた・かずゆき）
- 1955 年 3 月　名古屋大学工学部電気学科卒
- 1963 年 4 月　豊田工業高等専門学校助教授
- 1975 年 4 月　豊田工業高等専門学校教授
- 1995 年 4 月　大同工業大学工学部電気工学科教授
- 2002 年 4 月　豊田工業高等専門学校名誉教授
　　　　　　　現在に至る（工学博士）

早川　恭弘（はやかわ・やすひろ）
- 1982 年 3 月　立命館大学理工学部機械工学科卒
- 1984 年 3 月　立命館大学大学院機械工学専攻修了
- 1990 年 4 月　奈良工業高等専門学校機械工学科講師
- 1993 年 4 月　奈良工業高等専門学校電子制御工学科助教授
- 2006 年 4 月　奈良工業高等専門学校電子制御工学科教授
　　　　　　　現在に至る（博士（工学））

機械工学入門講座
自動制御（第 2 版）　　　　© 中野道雄・髙田和之・早川恭弘　2007

1997 年 11 月 7 日　第 1 版第 1 刷発行	【本書の無断転載を禁ず】
2006 年 3 月 10 日　第 1 版第 8 刷発行	
2007 年 4 月 2 日　第 2 版第 1 刷発行	
2008 年 12 月 10 日　第 2 版第 2 刷発行	

著　者　中野道雄・髙田和之・早川恭弘
発行者　森北博巳
発行所　森北出版株式会社
　　　　東京都千代田区富士見 1-4-11（〒 102-0071）
　　　　電話 03-3265-8341／FAX 03-3264-8709
　　　　http：／／www.morikita.co.jp／
　　　　日本書籍出版協会・自然科学書協会・工学書協会　会員
　　　　JCLS ＜（株）日本著作出版権管理システム委託出版物＞

落丁・乱丁本はお取替え致します　　　　印刷／中央印刷・製本／協栄製本

Printed in Japan／ISBN978-4-627-60562-6

出版案内

入門 信頼性工学
確率・統計の信頼性への適用

福井泰好／著

菊判・208頁・ISBN978-4-627-66571-2

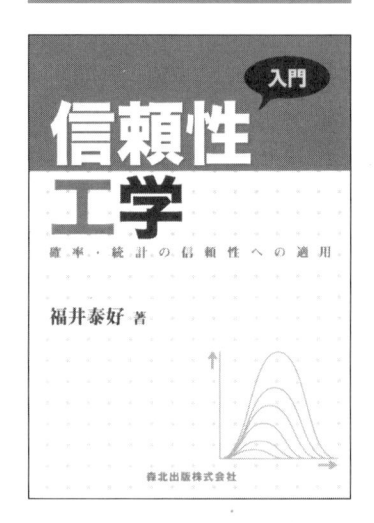

信頼性データの解析法，信頼性の評価法をやさしく解説．
■目次　概要／数学的準備／信頼性測度の基礎／信頼性関数の基礎／信頼性データの統計的解析／アイテムの信頼／アイテムの保全性／信頼性の抜取り試験／信頼性物理と構造信頼性

http://www.morikita.co.jp/

出版案内

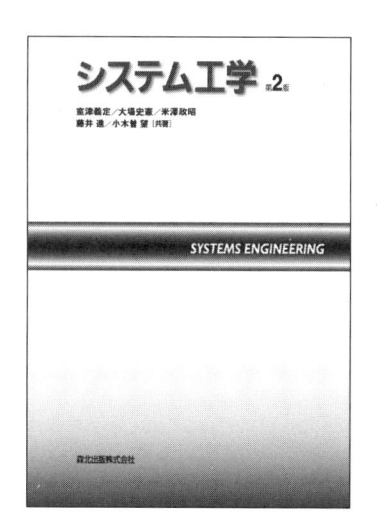

システム工学

（第2版）

室津義定・大場史憲・米澤政昭・藤井進・小木曽望／著

菊判・264頁・ISBN978-4-627-91172-7

基本的な考え方から技法および応用を解説した．最新の利用例の紹介や，遺伝的アルゴリズム，リスクなど現代のシステム工学に不可欠な要素を追加し，より実践的な内容となった．

http://www.morikita.co.jp/

出版案内

シーケンス制御を活用した
システムづくり入門
わかりやすい PLC 活用技術

日野満司・熊谷英樹／著

菊判・232 頁・ISBN978-4-627-91871-9

■第 1 編　シーケンス制御と PLC　■第 2 編　PLC を利用した制御システムの作り方　■第 3 編　PLC の高機能化と応用技術

http://www.morikita.co.jp/

出版案内

ニューラルネットワーク計算知能

渡辺桂吾／編著

A5 判・312 頁・ISBN978-4-627-82991-6

計測自動制御学会 システム・情報部門の有志による研究成果．基礎理論から応用まで的を絞って記述．知的信号処理，システムモデリング，制御ならびにメカトロやロボティクス等最先端に関する理解を深めることができる．

http://www.morikita.co.jp/